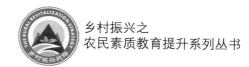

乡村振兴之
农民素质教育提升系列丛书

YU FANGZHI CAISE TUPU

ZHU BING ZHEN DUAN

猪病诊断与防治彩色图谱

乔效荣 刘锦涛 主编

中国农业科学技术出版社

图书在版编目（CIP）数据

猪病诊断与防治彩色图谱/乔效荣，刘锦涛主编. —北京：中国农业科学技术出版社，2019.7

乡村振兴之农民素质教育提升系列丛书

ISBN 978-7-5116-4120-5

Ⅰ.①猪… Ⅱ.①乔… ②刘… Ⅲ.①猪病—诊断—图谱 ②猪病—防治—图谱 Ⅳ.①S858.28-64

中国版本图书馆 CIP 数据核字（2019）第 060776 号

责任编辑　徐　毅
责任校对　贾海霞

出 版 者　中国农业科学技术出版社
　　　　　北京市中关村南大街12号　　　邮编：100081
电　　话　（010）82106631（编辑室）　（010）82109702（发行部）
　　　　　（010）82109709（读者服务部）
传　　真　（010）82106631
网　　址　http://www.castp.cn
经 销 者　全国各地新华书店
印 刷 者　固安县京平诚乾印刷有限公司
开　　本　880mm×1 230mm　1/32
印　　张　3.25
字　　数　105千字
版　　次　2019年7月第1版　　2019年7月第1次印刷
定　　价　28.00元

《猪病诊断与防治彩色图谱》

编委会

主　编　乔效荣　刘锦涛

副主编　杜国霞　苏　青

　　　　文思明

编　委　谢　峰　吴　鑫

　　　　高　亮

PREFACE 前 言

　　近年来，中国畜禽养殖业发展迅速，肉蛋奶等主要畜产品产量稳步增加，对提高人民生活水平发挥着越来越重要的作用。与此同时，畜禽疾病的发生日益严重。畜禽疾病种类不仅复杂多样，并呈现混合感染和多重感染等特点，已成为阻碍我国畜禽业发展的重要威胁。积极预防和有针对性地开展治疗，从而降低疾病的发生率，是我国畜禽养殖业健康、稳定、持续发展的迫切需要。为了帮助畜禽养殖者在实际生产中对疾病作出快速、准确的诊断，编者在吸取以往疾病诊治经验的基础上，结合当前的疾病情况，组织编写了一套《畜禽疾病诊治彩色图谱》。

　　本书为《猪病诊断与防治彩色图谱》，从猪的病毒病、猪的细菌病、猪的寄生虫病、猪的普通病、猪的中毒病5类中，选取了40种常见病。每种猪病，以文字结合彩色图片的方式，直观展示了该病的临床症状和解剖变化，并提出了诊断方法和防控措施。语言通俗、篇幅适中、图片清晰、科学实用，可供养猪户、基层畜牧工作者等人员参考学习。

需要注意的是，本书所用药物及其使用剂量仅供读者参考，不可照搬。在生产实际中，所用药物学名、常用名和实际商品名称有差异，药物浓度也有所不同，建议读者在使用每一种药物之前，参阅产品说明以确认药物用量、用药方法、用药时间及禁忌等。

由于编写时间和水平有限，书中难免存在不足之处，欢迎广大读者批评指正！

编　者

2019年2月

CONTENTS 目 录

第一章
猪的病毒病

一、猪瘟

猪瘟俗称"烂肠瘟"，又称猪霍乱，是猪的一种急性接触性传染病。该病由黄病毒科猪瘟病毒属的猪瘟病毒引起的一种急性、发热、接触性传染传染病，猪、野猪是猪瘟病毒唯一宿主，各年龄猪均可发病，一年四季流行，先是一头或几头猪发病，以后逐渐增多。

（一）临床症状

病猪食欲减退，精神不振，呼吸困难，体温升高至40.5～42℃，呈稽留热，眼结膜炎，先便秘后腹泻，挤卧一堆。病后期猪的鼻端、嘴唇、耳、下颌、四肢内侧、外阴等处出现紫绀或出血变化。小猪有神经症状。公猪包皮积尿。母猪感染后往往不表现临床症状，但可能是带毒者。表现为受孕率下降，产仔数下降，出现死胎、木乃伊胎、流产、先天性畸形及产出弱仔等。母猪怀孕50～70天被感染时能导致仔猪持续性病毒血症，一般表现为仔猪出生时表现正常，之后渐进性消瘦或先天性震颤。

慢性病猪主要症状为食欲时好时坏，体温时高时低，便秘与腹泻交替出现，后期拉黄色、黏性腥臭粪便，精神沉郁，消瘦等。病程可达30天以上（图1-1至图1-4）。

图1-1　挤卧明显

图1-2　精神沉郁

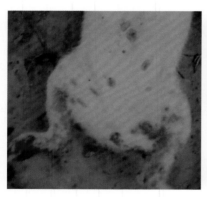

图1-3　后肢出血

图1-4　腹部皮肤出血

（二）解剖变化

病猪解剖后淋巴结肿大，出血，切面多汁，外周紫、中心灰白呈大理石样变化。脾不肿大，有时边缘呈现紫红黑色突起的小块状出血性梗死。肾苍白表面有针尖大小出血点，肾盂出血。在肠浆膜、黏膜有出血点、出血斑，回肠末端、盲肠和结肠黏膜可见有纽扣状溃疡。咽喉、心、肺、膀胱、肝脏、胆囊、扁桃体、胃黏膜、浆膜均可出现出血点或出血斑。偶见腹壁、胸肋膜有出血斑，口腔有纽扣状溃疡，上腭、舌部有出血斑。由于目前非典型性猪瘟时常发生，剖检病变有时不是很明显（图1-5至图1-8）。

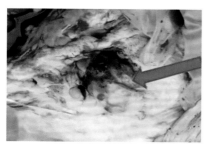

图1-5 淋巴结肿大

图1-6 肾脏点状出血

图1-7 肠系膜淋巴结大理石样出血

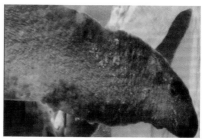

图1-8 肝脏边缘紫黑色梗死

（三）诊断方法

根据临床症状和病理变化可作出诊断。

猪病诊断与防治彩色图谱

（1）临床特征。高热稽留、皮肤红紫、包皮积尿、粪便干稀不定、出现繁殖障碍。

（2）剖检变化。各脏器出血、脾脏出现梗死灶。

（四）防控措施

（1）高度重视定期消毒工作，减少病毒感染机会。

（2）规模化养猪场要编制合理的免疫程序，并根据抗体检测滴度随时调整疫苗注射时间。

（3）如果发现病猪，应该立即将病猪隔离，使用碘制剂将猪群猪舍进行消毒。对病猪注射瘟毒血抗和博客的混合注射液，在饮用水与饲料里加入小苏打，粪便正常后可以让病猪喝点多维。在1周时间按治疗量使用菌肽诺与瘟毒血抗，并使用半个月的预防量。

（4）确需外购仔猪时，进猪前要严格检疫，进猪后应严格隔离，确认无疫情可能后再注射疫苗，转为正常饲养。

（5）平时饲养要注意提高免疫力、增强免疫功能制剂的应用；必要时，可注射血清、抗生素，饲喂中药制剂等，并大量饮用电解多维水。

二、口蹄疫

口蹄疫是由口蹄疫病毒感染引起的偶蹄动物共患的急性、热性、高度接触性传染病，最易感染的动物是牛、猪、骆驼、羊、鹿等，野猪、野牛等野生动物也易感染此病。本病以牛最易感，羊的感染率较低。口蹄疫在亚洲、非洲和中东及南美洲均有流行，在非流行区也有散发病例。

（一）临床症状

潜伏期为几个小时至7天，少数可达到14天，开始时，病猪发热，可达到41℃，精神不振，食欲减少或废绝，猪蹄底部或蹄冠部皮肤潮红、肿胀，继而出现水疱，行走呈跛行，有明显的痛感，行走发出凄厉的尖叫声，很快蹄壳脱落，蹄不敢着地，病猪跪行或卧地不起，鼻吻突部出现一个或数个水疱，黄豆大或乒乓球大小不等，水疱很快破裂，露出新鲜溃疡面，如无细菌感染，伤口可在1周左右逐渐结痂愈合。母猪乳房和乳头也常见水疱和糜烂，引起疼痛而拒绝哺乳；哺乳仔猪的口蹄疫多表现急性胃肠炎、腹泻及心肌炎而突然死亡。死亡率一般可达60%~80%，部分可达100%。育肥猪发生水疱后若发生继发性细菌感染，可引起败血症导致死亡，一般可在10~15天康复。怀孕母猪感染后可发生流产、产死胎（图1-9至图1-12）。

图1-9　蹄部发炎肿痛致起卧困难

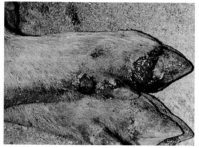

图1-10　蹄冠的溃疡出血

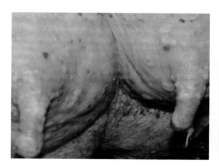

图1-11　乳房水泡

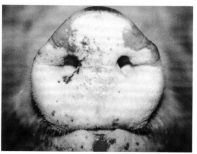

图1-12　鼻盘部水泡

（二）解剖变化

解剖特征是口腔、鼻端、乳房、乳头、蹄冠和蹄叉部上皮出现水疱。仔猪呈现典型的"虎斑心"，心肌外出现黄色条纹斑，心外膜有不同程度的出血点，个别肺有水肿或气肿现象。剖检大猪，见一般特征性病变，少数可见胃肠出血性炎症（图1-13）。

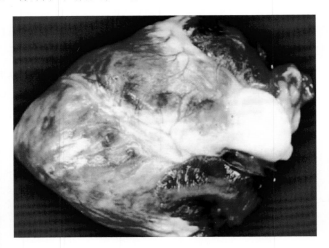

图1-13　虎斑心

（三）诊断方法

发病季节、周围疫情、口蹄水疱、破裂溃烂以及仔猪的虎斑心特征。

（四）防控措施

（1）按规定强制性接种疫苗，每年应接种2次以上。随着疫苗研发的进步，疫情将会得到有效控制。

（2）发现或怀疑该病时要及时上报，不得隐瞒病情和疫情。

（3）按照国家规定依程序予以封锁和处理。

（4）应保持圈舍干燥，保持创面干燥，对圈舍要彻底消毒。

三、猪水疱病

（一）临床症状

猪水疱病为猪肠病毒，比口蹄疫病毒略大的小病毒。猪患本病时，病初有部分猪体升高达40～42℃，在蹄冠、趾间、蹄踵或副蹄出现一个或几个黄豆至蚕豆大的水疱，水疱继而融合扩大，充满水疱液。1～2天后水疱破裂形成溃疡、出现鲜红的溃疡面，常围绕蹄冠皮肤和蹄壳之间裂开，疼痛加剧而呈明显跛行。严重病例，因继发感染而局部化脓，可造成蹄壳脱落，病猪则卧地不起，食欲减退，精神沉郁。有的病猪在鼻端、口腔和母猪的乳头周围也出现水疱。通常经10天左右可自愈，但初生仔猪容易造成死亡。轻型病例仅可见蹄部发生1～2个水疱，全身临床症状轻微，有时不被察觉就很快康复（图1-14至图1-17）。

图1-14　水泡破溃形成鲜红溃疡面

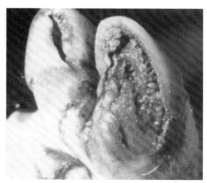

图1-15　蹄部发生腐烂

图1-16　鼻部出现水泡

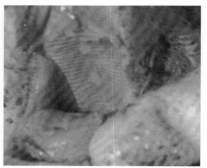

图1-17　口腔出现水泡

（二）解剖变化

除口、蹄、鼻等部分发生水疱外，病猪其他组织难见肉眼病变。病猪内脏和组织最常见的显微镜病变包括弥漫性脑脊髓炎，脑内髓质部可见小血管外形成的淋巴细胞"管套"，并可见到化脓性脑膜炎，脑膜出现大量淋巴细胞。脑灰质和白质均可出现软化病灶。病毒接种后1天即可见到心肌病变，表现为嗜中性粒细胞浸润的小坏死灶和坏死的肌细胞。也有人发现心内膜有炎性细胞浸润的变性和坏死灶。这些病变，很可能是病猪出现神经症状和仔猪死亡率较高的原因。

（三）诊断方法

以蹄部皮肤发生红肿、水泡、糜烂、结痂为主征，口、鼻盘、乳房也可发生水泡。隐性型的猪不表现任何临床症状，但是，血清学检查，有滴度相当高的中和抗体，能产生坚强的免疫力，这种猪可能排出病毒，对易感染猪有很大的危险。

（四）防控措施

（1）无本病的非疫区，禁止从疫区调入猪只与肉产品。尽力做到自繁自养。

（2）受威胁区和疫区要进行定期的免疫接种。

① 猪水泡肾传细胞弱毒苗；用于预防接种，对大小肥猪，均可在股部深部肌内注射2mL，注苗后3～5天，可产生坚强免疫力，免疫期暂为6个月。该苗也可在发病疫区进行紧急接种，可迅速控制疫情。

② 猪水泡细胞毒结晶紫疫苗；对健康的断奶猪、育肥猪均可肌注2mL，免疫期暂定为9个月。

③ 对病猪要隔离，加强护理，对症治疗，防止继发感染，大多可自愈。

四、轮状病毒病

轮状病毒感染主要是多种年龄动物的一种病毒性腹泻，以精神委顿、厌食、呕吐、腹泻、脱水、体重减轻为特征。

（一）临床症状

各种年龄和性别的猪都可感染。在新疫区10日龄内仔猪腹泻，脱水严重，病死率高。在病区大多数成年猪已感染耐过而获得免疫力，所以，发病的多为60日龄以内的仔猪。病初精神委顿、食欲减退，常有呕吐。而后迅速发生腹泻，粪便为黄色或白色、水样或乳油样，有不等量絮状物。症状的轻重取决于发病日龄和环境条件，特别是环境温度下降和继发大肠杆菌病，常使症状严重和死亡率升高。肥育猪和成年猪呈隐性感染，无明显症状（图1-18、图1-19）。

图1-18　腹泻便呈灰白色

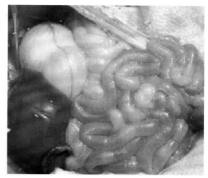

图1-19　肠道臌气、容物呈
棕黄色水样液

（二）解剖变化

胃弛缓，充满凝乳块及乳汁。肠管变薄，内容物灰黄或灰黑色，呈水样，小肠绒毛缩短变平，肠系膜淋巴结水肿，胆囊肿大（图1-20、图1-21）。

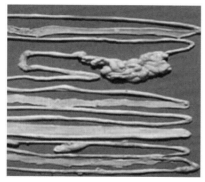

图1-20　肠管变薄

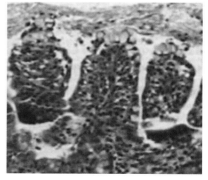

图1-21　小肠绒毛缩短变平

（三）诊断方法

根据流行特点、临床症状、病理变化作出初步诊断，结合采

集小肠及其内容物进行实验室检查，作出确诊。

（四）防控措施

猪轮状病毒感染尚无特异性治疗药物。一般性辅助疗法、加强饲养管理和使用抗生素可使本病和继发性细菌感染引起的病死率降到较低程度。

用葡萄糖甘氨酸溶液（葡萄糖22.5g、氯化钠4.74g、甘氨酸3.44g、柠檬酸0.27g、枸橼酸钾0.04g和无水磷酸钾2.27g溶于1L水中即可）或葡萄糖盐水给病猪自由饮用。

在疫区，用猪轮状病毒疫苗或其与猪传染性胃肠类或猪流行性腹泻的二联苗于母猪产前6周和2周各免疫注射1次，按说明书使用。使其所产的仔猪获得被动免疫。

五、圆环病毒病

（一）临床症状

猪只渐进性消瘦或生长迟缓，皮肤苍白、严重贫血、呼吸困难，咳嗽等；体表浅淋巴结肿大，特别是腹股沟浅淋巴结肿大、苍白；耳朵、颈部、背部、腹部、臀部等处可见斑疹性皮炎；有的后肢水肿（图1-22至图1-25）。

图1-22　皮肤苍白、严重贫血

图1-23　眼结膜贫血、苍白

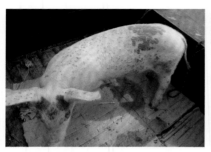

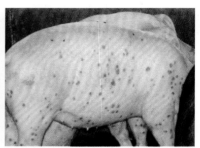

| 图1-24　红色斑疹 | 图1-25　暗褐色斑疹 |

（二）解剖变化

患病猪消瘦、贫血，皮肤苍白，实质脏器贫血，淋巴结肿大、间质性肺炎，脾头肿胀，肾脏肿大且有白色坏死灶，肝脏呈浅黄到橘黄色外观、萎缩等（图1-26至图1-29）。

（三）诊断方法

根据临床特征和剖检变化来诊断。

（1）临床特征。高热稽留、皮肤苍白、呼吸困难、皮炎肾衰、极度衰竭。

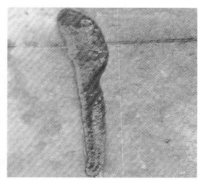

| 图1-26　间质性肺炎 | 图1-27　脾头肿胀 |

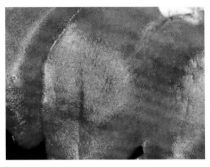

图1-28　肝脏呈橘黄色外观

图1-29　肾脏呈典型的沟状结构

（2）剖检变化。脏器贫血、间质性肺炎、脾头肿胀、肝脏皱缩、肾脏多沟坏死。

（四）防控措施

（1）近几年已研发出圆环病毒疫苗并应用于临床，效果尚可。

（2）应及时检测、净化母猪群，怀孕阳性猪所产仔猪一定要加强免疫增强剂的应用，以强壮体质。

（3）要高度重视断奶后多系统衰竭综合征的保育猪，优质饲喂，精心护理，使其度过保育期。

（4）对发病猪可选用免疫球蛋白、小肽、中药提取物等抗病毒药，配合抗生素、多维素等肌内注射；全群饮用优质电解多维水。

六、巨细胞病毒病

（一）临床症状

猪的巨细胞病毒病属于疱疹病毒科，巨细胞病毒属。感染后10天开始发热似感冒；眼睑水肿，闭合，严重的发生结膜炎和明显的泪斑；流浆液性、黏液性和脓性鼻液，甚至鼻孔结痂；怀孕猪早期流产，有的产出木乃伊胎；病初粪便变化不大；中后期皮肤红紫；有明显的神经症状；有的出现呕吐症状（图1–30至图1–33）。

图1–30　上下眼睑水肿

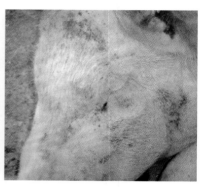

图1–31　结膜炎眼睑闭合

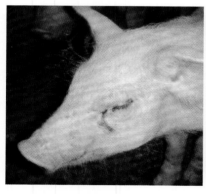

图1–32　结膜炎有分泌物、泪斑

图1–33　产出木乃伊胎

（二）解剖变化

皮肤淤血；淋巴结、喉头、肺脏、心脏、肠系膜等多器官水肿；胸腹腔积液，严重时有纤维素形成；肢体皮下水肿；脾脏卷曲折叠；肾脏变黑紫或变黄；肝脏有白色或黄色坏死灶；出现胃炎症或溃疡等（图1-34至图1-37）。

图1-34　皮肤淤血

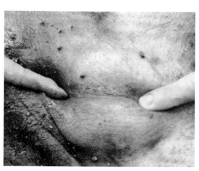

图1-35　腹股沟淋巴结高度肿胀

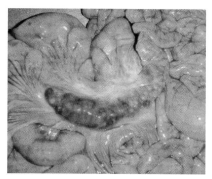

图1-36　肠系膜淋巴结水肿、出血

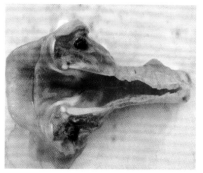

图1-37　喉头黏膜水肿出血

（三）诊断方法

（1）临床特征。体温升高、眼炎流鼻、皮肤红紫、神经症状、时有流产。

（2）剖检变化。多脏器水肿、脾脏折叠卷曲、肝脏坏死、胃部有炎症。

（四）防控措施

（1）对该病的研究还在深入，目前尚无疫苗，因此，在饲养上要加大提高免疫力药物的应用。

（2）坚持定期消毒，减少病原微生物的感染。

（3）加强断奶前后仔猪的饲养和管理，特别是为保育猪创造良好的饲养环境，减少应激，减少疾病的发生。

（4）对发病猪只可用抗生素、抗病毒中药、维生素B等予以治疗。

七、高致病性蓝耳病

（一）临床症状

高致病性蓝耳病是由繁殖与呼吸综合征病毒的变异株引起的急性、高致死性传染病。母猪厌食、高热，返情率高；怀孕猪发生早产，产死胎、木乃伊胎及弱仔。仔猪表现为高热不退、呼吸困难、后肢麻痹；多数猪出现紫耳朵、紫皮肤、急性死亡等。育肥猪典型表现是高热稽留、呼吸困难、全身红紫、死亡率高（图1-38至图1-43）。

图1-38　呼吸困难

图1-39　耳朵鼻端红紫

图1-40　耳朵、全身红紫

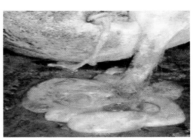

图1-41　母猪发生流产

图1-42　母猪产出木乃伊胎

图1-43　母猪产出弱胎

（二）解剖变化

主要是间质性肺炎，发炎的肺叶变硬变紫，触之似轮胎样硬度，放于水面可迅速沉底（图1-44、图1-45）。

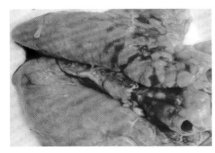

图1-44　肺叶轻度实变

图1-45　肺叶重度实变发硬

（三）诊断方法

（1）临床特征。高热不退、全身红紫、呼吸困难、流产死胎、急性死亡。

（2）剖检变化。大面积肺叶实变。

（四）防控措施

（1）规模化养猪场及散养猪一定要注重高致病性蓝耳病疫苗的免疫接种，目前有的猪场不做此苗预防，不可取。

（2）应用疫苗时一定要添加免疫增强剂，以解除免疫抑制。

（3）严格遵守消毒和自繁自养制度，注重饲养管理。

（4）一旦发现疫情，要按照国家规定严肃处置。

八、伪狂犬病

伪狂犬病病毒在病原分类上属疱疹病毒科，伪狂犬病是一种以多种家畜和野生动物发热，奇痒（猪除外）及脑脊髓炎为主要症状的急性传染病。

（一）临床症状

发病仔猪最初眼眶发红，闭目昏睡，接着体温升高到41~41.5℃，精神沉郁，口角有大量泡沫或流出唾液，有的病猪呕吐或腹泻，内容物为黄色，初期以神经紊乱为主，后期以麻痹为特征。最常见的是间歇性抽搐、癫痫发作、角弓反张、盲目行走或转圈、呆立不动。出现神经症状的仔猪几乎100%死亡，发病的仔猪耐过后往往发育不良或成为僵猪。

20日龄以上的仔猪到断奶后小猪症状轻微，体温升高到41℃以上，呼吸短促，被毛凌乱，不食或食欲减少，耳尖发紫，发病率和死亡率都低于15日龄以内的仔猪。

4月龄左右的猪，发病后只有轻微症状，有数日的轻热、呼吸困难、流鼻汁、咳嗽、精神沉郁、食欲缺乏，有的呈"犬坐"姿势，有时呕吐和腹泻。

母猪有时出现厌食，便秘，震颤，惊厥，视觉消失或结膜炎，有的分娩延迟或提前，有的产下死胎、木乃伊胎或流产，产下的仔猪初生体小、衰弱，弱胎2～3日后死亡，流产发生率约为50%（图1-46、图1-47）。

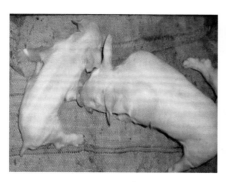

图1-46 麻痹瘫痪

图1-47 犬坐喘气

（二）解剖变化

伪狂犬病毒感染一般无特征性病变。眼观主要见肾脏有针尖状出血点，其他肉眼病变不明显。可见不同程度的卡他性胃炎和肠炎，中枢神经系统症状明显时，脑膜明显充血，脑脊髓液量过多，肝、脾等实质脏器常可见灰白色坏死病灶，肺充血、水肿和坏死点。子宫内感染后，可发展为溶解坏死性胎盘炎（图1-48、图1-49）。

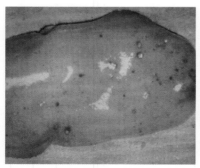

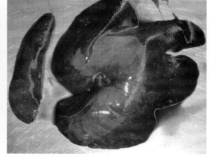

图1-48　肾脏有针尖状出血点　　图1-49　肝、脾常见灰白色坏死病灶

（三）诊断方法

（1）临床特征。黄色腹泻、神经症状、犬坐姿势、肢蹄畸形、繁殖障碍。

（2）剖检变化。脑回沟出血，肝脏、肾脏、脾脏有白色坏死。

（四）防控措施

发生该病后目前无特效治疗药物，有的应用干扰素、小肽类、转移因子等，收效甚微；而紧急注射高免血清能降低死亡率。

控制该病仍需疫苗接种，但在实际生产中，不少的中小型饲养场还不十分重视伪狂犬疫苗的应用。目前，应用效果较好的是基因缺失疫苗，从大型猪场使用效果来看，此疫苗应在配种前30天和产仔前30天各接种1次为最佳。

九、流行性乙型脑炎

流行性乙型脑炎，是由流行性乙型脑炎病毒引起的一种以中枢神经系统症状为主要特征的人畜共患性疾病。这是一种严重为害人畜健康的蚊媒传染病。

（一）临床症状

猪舍内蚊子多，叮咬猪体皮肤。公猪有发热（40℃以上）、食欲缺乏或废绝、睾丸水肿淤血、附睾变硬、性欲减弱的现象，并通过精液排出病毒。发病公猪的精液中，精子总数和有活力的精子数明显减少，且存在大量异常精子。可见两侧性睾丸或单侧性睾丸大小多为正常的1.5～2倍，向后方突出下垂，按压有热感和波动性，以后萎缩变硬、性欲减退，精子活力下降，出现大量畸形精子，丧失配种能力，部分公猪可经2～3个月恢复性功能，但出现睾丸萎缩的一般无法恢复性功能。妊娠母猪感染后，会发生流产、产死胎、木乃伊胎、畸形胎，或初生活仔猪经几分钟、几小时或几天发生神经症状死亡，不死的患病小猪生长发育良好。个别猪兴奋、乱撞及后肢轻度麻痹，也有后肢关节肿胀而跛行。一般母猪流产后迅速恢复健康，并不影响下一次配种；也有母猪流产后症状加重、胎衣滞留、阴道内流出红褐色或灰褐色黏液的现象（图1-50至图1-53）。

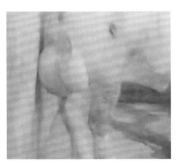

图1-50　叮咬猪体皮肤　　　　图1-51　公猪睾丸左侧增大

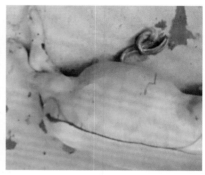

图1-52　胎儿脑水肿　　　　　图1-53　皮下水肿，腹水增多

（二）解剖变化

肉眼可见脑和脊髓充血、出血、水肿。睾丸有充血、出血和坏死。子宫内膜充血、水肿、黏膜上覆有黏稠的分泌物。胎盘呈炎性浸润，流产或早产的胎儿常见脑水肿、皮下水肿、血性浸润、胸腔积液、腹水增多（图1-54、图1-55）。

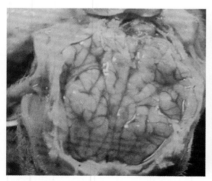

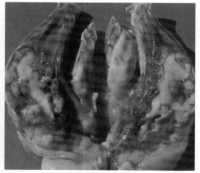

图1-54　胎儿软脑膜、脑实质淤血　　　　图1-55　脑水肿

（三）诊断方法

根据临床症状及病理变化可以作出初步诊断。但确诊还必

须进行病毒分离和血清学检查（血凝抑制试验、酶联免疫吸附试验、乳胶凝集试验）。在诊断中还要注意做好与猪细小病毒病、猪伪狂犬病及猪布鲁氏菌病的鉴别诊断。

（四）防控措施

（1）做好环境卫生，特别是灭蚊工作。做到清除场内的各种杂草，清理养猪场内外的排水渠道、死水，及时清理养殖场内的粪便和污水，以减少蚊子生长的有利环境。定期用灭蚊药对猪场主要场所进行灭蚊。这是控制流行性乙型脑炎流行的一项重要措施。

（2）做好疫苗注射工作。由于在一个猪场中要完全控制蚊子也是很不实际的，因此，在做好以上工作的同时，必须在蚊子季来临前对种猪进行猪流行性乙型脑炎活疫苗免疫。按瓶签说明，加入专用稀释液，待完全溶解后，按1头份/头，肌内注射。或者每年3月和9月对种猪各进行免疫1次，按1头份/头，肌内注射。对猪场后备母猪、种公猪，可在配种前20～30天免疫2次，2次间隔为20天。

十、猪流行性感冒

（一）临床症状

潜伏期短，突然发病，传播快。病猪体温突然升高至40.3～41.5℃，皮温分布不均，耳尖发热、耳根发冷、咳嗽、呼吸急促，出现结膜炎、眼睑水肿，鼻流黏性分泌物，肌肉和关节疼痛，出现厌食或食欲废绝，极度虚弱，常卧地挤卧在一起，难以移动。不继发感染，6～7天就恢复，母猪配种后第一个情期内感染流感病毒，此时，如果胚胎还没有着床，会造成21天返情；如果胚胎已经在交配后14～16天着床，就会造成妊娠中断，出现延迟的返情。如果母猪在妊娠期前5周感染病毒，会造成胚胎死亡与吸收，母猪会表现为假怀孕或产仔数减少。此后整个妊娠期母猪感染病毒都可能造成流产或分娩时产出木乃伊胎。该病对公猪也会产生影响。病毒感染会造成公猪体温升高，精子质量下降，受精率持续降低4～5周（图1-56、图1-57）。

图1-56　挤卧在一起

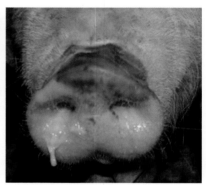

图1-57　鼻流黏性分泌物

（二）解剖变化

主要在呼吸器官。黏膜充血、出血，表面有大量泡沫状黏液。肺实变区与正常区域界限分明，紫红色似鲜牛肉样，坚实，病变常局限于尖叶、心叶、中间叶，一些肺叶间质明显水肿，呼吸道内充满血色、纤维蛋白性渗出物。相连的支气管和纵隔淋巴结肿大。胃、肠有卡他性炎症。组织学病变特点是肺脏上皮坏死和支气管上皮细胞层脱落（图1-58、图1-59）。

（三）诊断方法

根据发病情况、临床症状和病理变化，可初步诊断。如果该病突然暴发，传播迅速。如病猪高热（40～41.7℃），流泪，鼻液增多，咳嗽，呼吸困难，发生支气管炎、支气管肺炎；但病程较短。

图1-58 泡沫状黏液流出

图1-59 肺呈鲜牛肉样

（四）防控措施

因A型流感病毒亚型很多，且相互之间无交叉免疫力，故疫苗往往不能起作用。因此，应采取综合防控措施。

（1）加强护理。猪舍做好避风、保暖工作和提供清洁、干燥、无尘埃的垫草。在发病期内，尽可能减少应激反应。供应充足、新鲜、洁净的饮水。必要时，每吨饲料中添加维生素C 300～400g，促进病猪恢复体况。

（2）防止继发感染。每吨饲料中添加20%泰美妙1 000g+强力霉素200g或80%乐多丁125g+氟苯尼考50g，连续使用5～7天，可明显减少猪流感造成的继发感染的损失。

十一、猪传染性胃肠炎

猪传染性胃肠炎是由猪传染性胃肠炎病毒引起猪的一种急性

传染病，以各种年龄的猪消化道感染为特征，其中，以仔猪的症状最为严重。

（一）临床症状

乳猪先发生呕吐，频繁水样腹泻，粪便为黄绿色或灰色，有时呈白色，夹有未消化凝乳块，恶臭。病猪迅速脱水、消瘦、严重口渴，四肢无力，痊愈仔猪发育不良。架子猪、肥育猪症状轻重不一，一至数日减食拒食，个别猪有呕吐、水样腹泻呈喷射状。哺乳母猪泌乳减少或停止，有呕吐和腹泻，种公猪采食量下降，腹泻，配种能力下降，病死率低（图1-60、图1-61）。

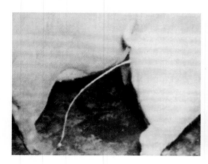

图1-60 水样腹泻

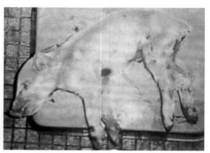

图1-61 腹泻引起明显缩水

（二）解剖变化

死亡的多是10日龄内乳猪，尸体消瘦、脱水。肠内充满白色或黄绿色液体。肠壁菲薄而缺乏弹性，肠管扩张呈半透明状，肠系膜充血，淋巴结肿胀。胃内充满凝乳块，胃底黏膜充血、出血。将空肠纵向剪开，用生理盐水将肠内容物冲洗干净，放在玻璃平皿内铺平，加入少量生理盐水，在低倍显微镜或放大镜下观察，可见到空肠绒毛萎缩、变短（绒毛长度与腺窝深度之比从正常的7∶1下降到1∶1）（图1-62、图1-63）。

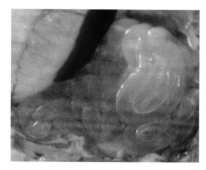

图1-62　肠壁变薄透明

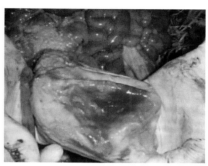

图1-63　胃黏膜弥漫性出血

（三）诊断方法

根据临床症状和病理变化进行综合判定，可以作出初步诊断。确诊必须进行病毒分离和鉴定、荧光抗体法检查病毒抗原等。要注意与轮状病毒病及仔猪黄痢进行鉴别诊断。

（四）防控措施

（1）重视疫苗接种。怀孕母猪应在产前45天和15天经后海穴接种弱毒苗。

（2）坚持卫生消毒。彻底清除粪尿、垫草，用3%的氢氧化钠对圈舍、场地、用具等进行全面消毒。

（3）加强冬春饲养管理。保温是关键。

（4）对发病猪应掌握"强心补液、抗毒消炎、止血止泻、对症治疗"的原则予以治疗用药，防止脱水是关键。静脉注射有难度的可进行腹腔注射，根据猪的大小，一般输液量为50～200mL，抗生素等可一同输入腹腔。

十二、初生仔猪腹泻综合征

（一）临床症状

仔猪多在出生2～3天出现剧烈的腹泻，排淡绿色、黄绿色、棕红色或黄色水样粪便；部分仔猪有呕吐症状；病乳猪迅速脱水、消瘦、皮肤发青变紫，多数于3～5天死亡；仔猪死亡率高达50%～100%，随日龄的增加死亡率降低（图1-64、图1-65）。

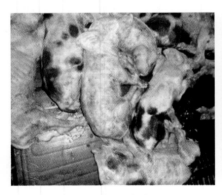

图1-64　仔猪腹泻

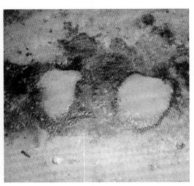

图1-65　腹泻粪便呈黄色

（二）解剖变化

病死乳猪消瘦、脱水、皮肤发青；胃臌气、胃黏膜充血，有时有出血点；小肠黏膜充血、肠壁变薄无弹性、内含水样稀便；腹股沟淋巴结肿胀、发青；肠系膜淋巴结肿胀；有的肾脏有出血点等（图1-66、图1-67）。

（三）诊断方法

寒冷季节初生仔猪剧烈腹泻。

图1-66　乳猪消瘦、脱水

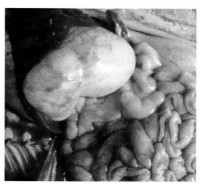

图1-67　胃脏臌气

（四）防控措施

（1）猪舍特别是产房应提高舍温，避免冷应激。

（2）产房要严格消毒。

（3）对症治疗。哺乳仔猪严重腹泻导致脱水死亡，因而要对发病猪进行补液，可用10%的葡萄糖10mL、复方氯化钠10mL、樟脑磺酸钠0.1mL、头孢0.02g，混合腹腔注射。

（4）高度重视真菌毒素对养猪业特别是对繁殖母猪的为害性，做好真菌毒素的脱毒和转化工作。

（5）因怀疑与猪的传染性胃肠炎和流行性腹泻二联苗防疫不到位有关，因此，传染性胃肠炎和流行性腹泻二联苗每年应接种3~4次为宜。

第二章
猪的细菌病

一、猪丹毒

（一）临床症状

猪丹毒是由猪丹毒杆菌引起的一种急性、热性传染病，多发生于夏秋多雨季节。临床主要表现为急性败血型和亚急性疹块型，有的表现为慢性关节炎或心内膜炎。由于常见皮肤出现疹块，则俗称为"打火印"。

（1）急性败血型。突然发病，体温高达42℃以上，离群卧伏，结膜充血；高度敏感，有轻微刺激即引起强烈反应，呕吐，打颤；皮肤因弥漫性充血而红紫；病初便秘，随后下痢，有的混有血液。病程为2～3天，迅即死亡。

（2）亚急性疹块型。病猪出现典型猪丹毒症状。急性型症状出现后，在胸、背、臀、腹部皮肤出现方形或菱形疹块，大小不一，凸出于皮肤，呈红色或紫红色；红毛猪则出现黑色疹块。指压褪色，抬手复原。当疹块出现后，体温恢复正常，病情好转，病程为1周左右，若及时治疗，预后良好。

（3）慢性型。常发生在老疫区或由前两种类型转化而来。主要表现为关节炎，关节肿大，行动僵硬，呈现瘸腿。有的出现慢性心内膜炎，有的出现睾丸肿胀，有的消瘦，贫血，便秘，粪便带有黏液，行走不稳，心跳快，常因心肌麻痹而突然死亡（图2-1至图2-4）。

图2-1　皮肤弥漫性出血

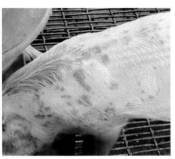

图2-2　不规则疹块

图2-3　睾丸肿胀

图2-4　关节炎

（二）解剖变化

急性型病例胃底有小点出血，脾脏肿胀，肾脏肿胀红紫，肺淤血、水肿，肝脏肿大。慢性型病例心内膜炎症增生或出现菜花样增生物，关节炎等（图2-5、图2-6）。

图2-5　脾脏肿胀

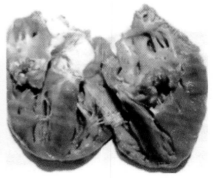
图2-6　心脏瓣膜有菜花样增生物

（三）诊断方法

根据临床症状和剖检变化诊断。

（1）临床症状。急性发病、体温升高、全身充血、皮肤疹块、指压褪色、抬手复原。

（2）剖检变化。肝脏肿大、脾脏败血、肾脏黑紫、瓣膜增生。

（四）防控措施

（1）及时接种猪丹毒单苗或猪丹毒三联苗。

（2）注重环境卫生和定期消毒。

（3）对于发病猪实行隔离消毒。

（4）对已发病猪只要及时足量肌内注射青霉素类、头孢类或磺胺类抗菌药物；未发病猪群应大剂量添加抗生素药物饮水。

二、猪肺疫

猪肺疫（猪巴氏杆菌病）是由多杀性巴氏杆菌引起的一种急性传染病。

（一）临床症状

临床上一般分为最急性、急性和慢性3型。

最急性型：呈败血症症状，常突然发病，迅速死亡。晚间食欲正常，次日清晨死于栏内，来不及或看不到症状。发展稍慢的，表现体温升高（41～42℃）。食欲废绝，全身衰弱，卧地不起，或烦躁不安，心跳加快，呼吸高度困难，颈下咽喉红肿、发热、坚硬，严重者向上延及耳根，向后可达胸前。临死前，呼吸极度困难，伸长头颈呼吸，有时发生喘鸣声，口鼻流出泡沫，可视黏膜发绀，腹侧、耳根和四肢内侧皮肤出现红斑，很快窒息死亡（图2-7）。

图2-7　最急性型症状

急性型：是本病主要和常见的病型。主要表现纤维素性胸膜肺炎症状，败血症较最急性型轻微。病初表现体温升高（40～

41℃），发生短而干的痉挛性咳嗽，呼吸困难，有黏稠性鼻液，有时混有血液。后变为湿咳，咳时感痛，触诊胸部有剧烈的疼痛。听诊有啰音和摩擦音。病情严重后，表现呼吸极度困难，呈犬坐姿势，可视黏膜发绀，皮肤有紫斑或小出血点。一般颈部不呈现红肿。心跳加快，心脏衰弱。肌体消瘦无力，卧地不起，多窒息而死（图2-8）。

图2-8　急性型猪肺疫症状

慢性型：为常见病型。多见于流行后期，主要表现为慢性肺炎或慢性胃肠炎症状。病猪表现精神沉郁，食欲减退，持续性咳嗽与呼吸困难，鼻流少许黏脓性分泌物。进行性营养不良，极度消瘦，常有

图2-9　慢性型鼻流少许黏脓性分泌物

泻痢现象。有时出现痂样湿疹，关节肿胀，治疗不良者，多经2周以上衰竭而死（图2-9）。

（二）解剖变化

最急性型：全身黏膜、浆膜和皮下组织有大量出血点，最突出的病变是咽喉部、颈部皮下组织出血性浆液性炎症，切开皮肤时，有大量胶冻样淡黄色水肿液。全身淋巴结肿大，呈浆液性出血性炎症，以咽喉部淋巴结最显著。心内外膜有出血斑点。肺充血、水肿。胃肠黏膜有出血性炎症。脾不肿大（图2-10）。

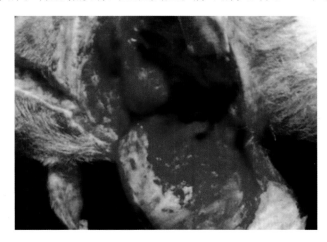

图2-10　胶冻样淡黄色水肿液

急性型：有肺肝变、水肿、气肿和出血等病变特征。病程稍长者，肝变区内有坏死灶，肺小叶间有浆液浸润，肺炎部切面常呈大理石状。肺肝变部的表面有纤维素絮片，并常与胸膜粘连。胸腔及心包腔积液。胸部淋巴结肿大，切面发红、多汁。支气管、气管内有多量泡沫样黏液，气管黏膜有炎症变化（图2-11）。

慢性型：肺有较大坏死灶，有结缔组织包囊，内含干酪样物质，有的形成空洞。心包和胸腔内液体增多，胸膜增厚、粗糙，上有纤维絮片与病肺粘连。无全身败血病变（图2-12）。

图2-11　切面发红、多汁　　　　　图2-12　胸腔内液体增多

（三）诊断方法

根据临床症状和病理变化可作出初步诊断，确诊需进一步做实验室诊断。剖检时最急性型病例通常不见明显病变或仅在咽喉部出现出血性病变，急性的出现咽喉炎，慢性病例为肺部有较陈旧的肺病灶，表面有出血斑点，或有纤维素性胸膜炎，肺与肺常有粘连，肺切面呈大理石状，有红色和灰色肝变。同时，必出现肺门淋巴结肿大、出血、坏死等炎症变化，其他各部淋巴结变化不显著。

（四）防控措施

（1）加强饲养管理，消除可能降低机体抵抗力的因素。猪舍定期用10%石灰乳或30%的热草木灰水消毒。健康猪在春秋两季，分别注射1次猪肺疫菌苗。发现病猪，立即隔离，严密消毒，封锁疫区，销毁尸体。

（2）急性型、最急性型病猪，早期用抗血清治疗效果最好，抗生素也可，或两者合用。青霉素、链霉素、四环素族抗生素都有一定疗效。

三、链球菌病

（一）临床症状

猪链球菌病是一种急性、热性及人畜共患的传染病，是由多个血清群链球菌引起猪的多种传染病的总称。

急性型：常表现为出血性败血症状和脑炎症状，慢性型则以关节炎、心内膜炎及组织化脓性炎症为特点。

急性败血型：最急性病例常发生突然死亡。或者体温高达41～43℃，眼结膜潮红，食欲废绝，流泪，磨牙，口吐白沫，有浆液性鼻液，呼吸困难，耳尖、下腹、四肢末梢有出血性紫色斑块，跛行，常在2～4天死亡。

脑膜炎型：多见于哺乳仔猪和保育猪。病初表现耳朵朝后，眼睛直视，出现犬坐姿势，而后体温升高达40.5～42.5℃，采食量减少、仰卧、后肢麻痹、磨牙、运动失调、转圈，四肢呈游泳状或昏迷不醒等，最后麻痹而死，病程1～2天。

化脓性淋巴炎型：大多患猪下颌淋巴结、咽部淋巴结、颈部淋巴结化脓，肿大，有热痛，影响采食、咀嚼、吞咽甚至导致呼吸障碍。病程3～5周，一般不引起死亡。

关节炎型：由脑膜炎型和化脓性淋巴炎型转化而来。关节肿胀或臀部脓肿，疼痛，跛行，重者不能站立，精神和食欲时好时坏，衰弱死亡或逐渐恢复，病程2～3周。

流产型：妊娠母猪早期流产，一般在妊娠1个月左右，流产胚胎只有指头或花生米大，圈养母猪流产后经常立即吃掉，不易被发现。流产后由于子宫内膜炎症继续存在，经常从阴户流出脓性分泌物，如不及早对子宫炎进行处理，则造成母猪长期不发情，或配种后又返情。怀孕中后期的母猪，也可因败血型链球菌导致流产和死胎（图2-13至图2-16）。

图2-13　双眼直视、口吐白沫

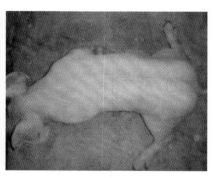
图2-14　运动失调

图2-15　关节感染肿大

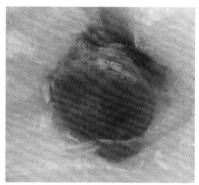
图2-16　母猪流产胚胎

（二）解剖变化

1. 急性败血型

以出血性败血症病变和浆膜炎为主，血液凝固不良，耳、腹下及四肢末端皮肤有紫斑，黏膜、浆膜、皮下出血，鼻黏膜紫红色、充血及出血，喉头、气管黏膜出血，常见大量泡沫。心内外膜有出血斑点。肺充血肿胀，肺小叶间质增宽，切面有大量泡沫或脓汁。全身淋巴结有不同程度的充血、出血、肿大，有的切面坏死或化脓。黏膜、浆膜及皮下均有出血斑。心包及胸腹腔积液，浑浊，含有絮状纤维素样物质附着于脏器上（注意与副猪嗜血杆菌病区别）。肾脏肿大，皮质和髓质部均有出血。脾肿大明显，在脾的背面和腹面中央有大小不等的黑色梗死块，严重的半个或整个脾脏全部呈黑色梗死病变。胃底黏膜出血或溃疡。

2. 脑膜炎型

脑膜充血、出血，严重者溢血，部分脑膜下有积液。猪脑切面有针尖大的出血点，并有败血型病变。

3. 关节炎型

关节皮下有胶样水肿，关节囊内有黄色胶冻样或纤维素性脓性渗出物，关节滑膜面粗糙。

4. 流产型

流产母猪的子宫内膜充血、出血或溃疡（图2-17、图2-18）。

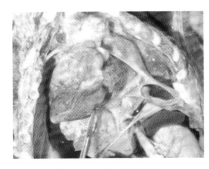

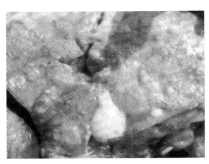

图2-17　心外膜出血　　　　图2-18　肺部大量泡沫化脓

（三）诊断方法

根据流行特点、临床症状和病理变化可作出初步诊断，确诊需进一步做实验室诊断。取病猪的淋巴结、肝脏、肺脏、脓汁、炎性分泌物直接涂片，革兰氏染色镜检，见染成紫红色的革兰氏阳性球菌，单个或呈双球或多个呈链状排列，即可作出诊断。要分群则进一步做分群鉴定。

（四）防控措施

（1）加强管理，提供给猪群充足的营养。控制猪的养殖密度，做好猪舍通风、保温工作，减少各种猪群的混养/混群次数。有条件的严格执行全进全出制度。尽量减少各种应激因素的发生。

（2）做好猪场/猪舍的消毒工作。特别是进行空舍的消毒，可以采用下列方法：清洗干净待干燥后用2%～3%NaOH溶液泼洒1～2次，再清洗干净用酚类如复合酚按1：300对空舍进行消毒，然后空置3～5天再进猪。发病时复合酚可按1：100进行带猪消毒，2～3天消毒1次。

四、猪坏死杆菌病

（一）临床症状

由于受害组织部位不同而有不同名称。常见的有坏死性口炎、坏死性鼻炎、坏死性肠炎和坏死性皮炎。这里只介绍后者，坏死性皮炎多见于育成猪和仔猪，母猪偶尔发生，病变多见于头、颈、肩、臀、胸腹侧皮肤，也有发生在耳根、尾、乳房和四肢等处，以皮肤及皮下组织发生坏死和溃疡为特征。病变部位先出现小丘疹，继而形成干痂。痂下深部组织迅速坏死，遗留一溃烂面，附有少量脓液。随着病的发展，溃烂区变大，形状不一（方形、圆形或菱形），直径2～5cm，损害渐渐蔓延至皮下组织，迅速液化，有少量的黄色、稀薄、恶臭液体，上有脂肪滴漂浮。若有继发感染或转移到关节，可形成关节脓肿，若转移到内脏，则形成化脓坏死灶，可导致死亡（图2-19、图2-20）。

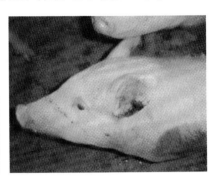

图2-19　仔猪尾部坏死　　　　图2-20　猪耳朵坏死

（二）解剖变化

剖检病死猪除见局部原发性坏死灶外，一般内脏如肺、肝、脾等可见转移性坏死灶。此外，无其他特征性病变。

（三）诊断方法

根据临床症状可作出初步诊断，从病健交界处用消毒锐匙刮取病料作涂片。碱性美蓝染色镜检发现呈间断染色，革兰氏阴性的长线体的坏死杆菌即可确诊。

（四）防控措施

（1）加强饲养管理和清除发病诱因，圈舍保持干燥，保持良好的卫生状况。尽量避免和防止皮肤、黏膜损伤。

（2）及时隔离病猪进行治疗，主要是局部治疗，并配合全身疗法。将病猪隔离在清洁干燥的猪舍内，根据不同的发病部位进行局部处理。如猪患坏死性口炎，用0.1%高锰酸钾溶液冲洗口腔，然后涂上碘甘油或抗生素软膏，每天1~2次。如蹄部病变，可用清水冲洗患部，除去坏死组织，再用1%高锰酸钾溶液、3%煤酚皂溶液或3%过氧化氢溶液等冲洗、消毒。然后涂擦5%龙胆紫，撒布高锰酸钾、磺胺药或涂上各种抗生素软膏。如猪患坏死性皮炎，可用福尔马林原液直接喷于患部或3%过氧化氢溶液冲洗，然后清除局部坏死痂皮和坏死组织，局部填塞高锰酸钾粉，或5%碘酊，或磺胺结晶粉。根据不同变化，再进行对症治疗直至痊愈。全身治疗主要是控制病情，防止继发感染。可注射青霉素、磺胺类等抗菌消炎药物。此外，还应配合强心、补液、解毒等对症疗法。

五、猪大肠杆菌病

（一）临床症状

本病是由致病性大肠杆菌引起的新生幼猪的一组急性传染病，以仔猪黄痢、仔猪白痢和仔猪水肿病、败血症等多种临床表现为特征。各地均有发生，严重威胁仔猪的健康。

仔猪黄痢：仔猪出生健康，数小时到数天后，仔猪排黄色稀粪，内含凝乳片和小气泡，腥臭，顺肛门外流，捕捉仔猪挣扎、鸣叫时排稀粪便，病仔猪迅速消瘦、脱水、衰竭而死。

仔猪白痢：仔猪突然拉灰白色、乳白瓦灰色或磁白糊状含有气泡的腥臭稀粪，常沾污后躯、尾和肛门四周。病猪体温和食欲无明显变化。病猪逐渐消瘦、拱背、皮毛粗糙不洁、发育迟缓。

仔猪水肿病：仔猪突然发病，眼睑和脸部水肿，有时波及头颈部皮下，精神沉郁，食欲下降至废绝，病猪四肢无力、共济失调，静卧时肌肉震颤、四肢划动如游泳状，触摸敏感，发出呻吟或鸣叫，后期转为麻痹死亡（图2-21至图2-24）。

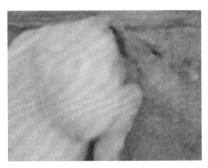

图2-21　仔猪黄痢症状

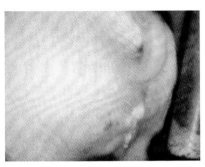

图2-22　仔猪白痢症状

图2-23　仔猪水肿病症状

图2-24　仔猪水肿病如游泳状

（二）解剖变化

仔猪黄痢病死猪：尸体脱水，尾及肛门周围沾污黄色稀粪，肠道臌气膨胀，有多量黄色液状内容物和气体，肠黏膜呈急性卡他性炎症。

仔猪白痢病死猪：尸体消瘦、脱水，皮肤及可见黏膜苍白，尾及肛周沾粪，胃内容物含灰白或乳白色凝乳块，胃黏膜充血、出血，肠壁薄，内含白色泡沫样液体。

　　仔猪水肿病：最突出变化是胃大弯部黏膜下组织高度水肿，头颈部、眼睑等处皮下水肿。结肠系膜有透明的胶冻样水肿。大脑间质有水肿。心肌瘫软，在冠状沟周围也见水肿（图2-25至图2-28）。

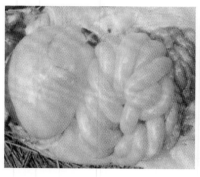

图2-25　黄痢病肠道臌气膨胀

图2-26　白痢病肠内含白色泡沫样液体

图2-27　水肿病胃壁水肿

图2-28　水肿病结肠系膜有透明的胶冻样水肿

（三）诊断方法

根据猪的发病年龄、临床症状和病变可初步诊断。确诊需采取肠内容物或淋巴结分离出致病性大肠杆菌。

（四）防控措施

（1）仔猪发病，如果早期进行治疗，治愈率较高。在发病中期，仔猪除下痢外，食欲废绝，身体明显消瘦，有脱水症状。在注射抗菌药物（如庆大霉素、恩诺沙星、痢菌净等）的同时，进行补液，同时，配合收敛止泻、防止酸中毒等措施，提高治疗效果。

（2）加强饲养管理，合理调制饲料。做好仔猪饲养管理和防寒保暖工作。对发病的仔猪，首先应选择抗生素或磺胺类药物做药敏试验后进行治疗。

（3）对大肠杆菌引起的仔猪黄痢、白痢，应在母猪产前5~6周和2~3周用大肠杆菌K88、K99、987P三价灭活苗或K88、K99双价基因工程苗各免疫1次，以保证初乳中有较高浓度的母源抗体，加强对母猪预防免疫。

（4）用微生物制剂饲喂仔猪，在仔猪吃乳前喂服，然后哺乳，预防仔猪黄痢、白痢。

（5）对大肠杆菌引起的水肿病，可采取以下措施。

① 仔猪断奶前尽早补饲，注意补硒和维生素E，增加青绿饲料，尽量减少应激因素。

② 必要时可考虑接种仔猪水肿病灭活苗。

③ 治疗方案如下：一是注射猪水肿病抗毒素以中和大肠杆菌毒素。二是注射抗生素选用庆大霉素、氧氟沙星、氟甲砜霉素等。三是严重时可结合采用50%葡萄糖20mL、10%葡萄糖酸钙10~20mL混合静脉注射，1次/天，连用2~3天。最好结合病情对

症治疗，可用安钠咖、利尿素维生素C等药物强心、利尿、解毒以提高疗效。

六、仔猪副伤寒

（一）临床症状

仔猪副伤寒是由沙门氏菌引起仔猪的一种传染病，所以，又称猪沙门氏菌病。临床常见败血型和肠炎型。

（1）败血型。体温升高至41～42℃；耳尖、鼻头、颈部、胸前、下腹部、腹底部、臀部、尾根部、会阴部、四肢下部等部位出现紫斑；呼吸困难；拉稀；病程2～4天，病死率很高（图2-29）。

图2-29　败血型耳朵、鼻头和下腹部红紫

（2）肠炎型。是猪场最多见的类型，和肠型猪瘟很相似。体温正常或稍高；腹泻严重，粪便有的呈水样、有的混有坏死组织或纤维素、有的混有血液；粪便颜色多呈黄色、绿色、黑色、灰色、灰白色。持续时间较长，易发湿疹，易成僵猪（图2-30、图2-31）。

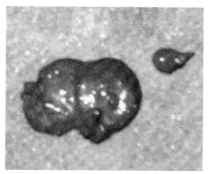

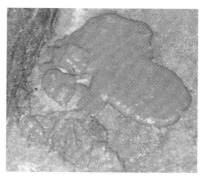

图2-30　肠炎型黑色粪便　　　　图2-31　肠炎型灰色粪便

（二）解剖变化

败血型副伤寒主要病变为：肝脏有灰白色或黄色坏死灶，脾脏败血呈黑紫色，肾脏脱水色暗，肠系膜淋巴结肿大或出血。

肠炎型副伤寒主要病变为：胃黏膜出血；空肠段大面积出血，小肠黏膜出血；结肠出血，结肠黏膜出血并有麸皮样渗出物覆盖；结肠的坏死性干酪样肠炎（图2-32、图2-33）。

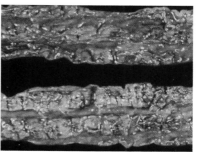

图2-32　败血型肝脏黄色坏死灶　　图2-33　结肠的坏死性干酪样肠炎

（三）诊断方法

败血型病例与猪瘟、猪丹毒很相似，除了结合症状、病理及流行特点进行分析，综合判定外，尚需进行实验室检查（如对猪瘟进行猪瘟酶标抗体试验、猪瘟荧光抗体检验及猪瘟兔体交互反应等）。肠炎型副伤寒由于发病特点、症状及剖检变化都较典型，不难作出诊断。

（四）防控措施

（1）14日龄每天注射仔猪水肿，副伤寒二联多价灭活疫苗2mL，每50kg饲料添加氟苯尼考5g，或磺胺间甲氧嘧啶50g，TMP10g，按照饲养标准喂料，每天喂2次，连用5天，防治效果极佳。

（2）20%长效土霉素注射液，每8～10kg体重肌内注射1mL，一般1次即可，病程严重的病猪间隔2天后重复注射1次。

（3）每千克体重用速灭杀星（环丙沙星）注射液5mg，与黄连素注射液每头5～15mL混合肌内注射，高热者加复方氨基比林注射液每头5～10mL混合肌内注射。每天2次，连用4次。

七、传染性胸膜肺炎

（一）临床症状

猪传染性胸膜肺炎是由胸膜肺炎放线杆菌引起的一种呼吸道传染病，以肺炎和胸膜炎症状为特征。急性型病死率高，慢性病例常可耐过。

人工接种感染的猪潜伏期为1～7天，急性猪突然发病。体温升高至41.5℃以上，不食、沉郁，继而呼吸高度困难，常站立或呈犬坐姿势，张口伸舌，从口鼻流出泡沫性的带血丝的分泌物，口、鼻、耳四肢末梢呈暗紫色，在48小时内死亡。个别猪见不到明显症状即死亡，病死率可达50%以上。若开始症状缓和，则转为慢性或逐渐康复。此时病猪体温不高，轻度发热或不发热，体温为39.5～40℃，精神不振，食欲减退。不同程度的自发性或间歇性咳嗽，呼吸异常，生长迟缓。病程几天至1周不等，或治愈或当有应激条件出现时，症状加重，猪全身肌肉苍白，心跳加快而突然死亡。生长迟缓，被毛粗乱，饲料效率下降，有的呈隐性感染（图2-34、图2-35）。

图2-34　精神不振

图2-35　从口鼻流出分泌物

（二）解剖变化

气管和支气管内充满泡沫状带血的分泌物，胸腔积液，肺充血、出血和血管内有纤维素性血栓形成。肺泡与间质水肿，肺的前下部有炎症出现。病程长者可见胸腔内血样胸水增多，肺淤血、暗红色，淋巴结充血、出血、肿大（尤其肺门淋巴结和纵隔淋巴结），之后肺与胸膜发生粘连，严重时，肺与胸膜难以分开，纤维素性渗出物甚多，慢性病例肺炎病灶逐渐缩小，肺出现硬结，切面见化脓灶或出血性结缔组织增生，被纤维性硬壳包围肺与胸粘连，表现肺炎区出现纤维素性附着物或结缔组织化的粘连附着物（图2-36、图2-37）。

 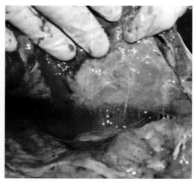

图2-36　纤维素性渗出物　　　　　图2-37　肺与胸粘连

（三）诊断方法

根据本病主要发生于育成猪和架子猪以及天气变化等诱因的存在，比较特征性的临床症状及病理变化特点，可作出初诊。确诊要对可疑的病例进行细菌检查。鉴别诊断在病的最急性期和急性期，应与猪瘟、猪丹毒、猪肺疫及猪链球菌病做鉴别诊断。慢性病例应与猪喘气病区别。

（四）防控措施

（1）首先应加强饲养管理，严格卫生消毒措施，注意通风换气，保持舍内空气清新。减少各种应激因素的影响，保持猪群足够均衡的营养水平。

（2）应加强猪场的生物安全措施。从无病猪场引进公猪或后备母猪，防止引进带菌猪；采用"全进全出"饲养方式，出猪后栏舍彻底清洁消毒，空栏1周才重新使用。新引进猪或公猪混入一群副猪嗜血杆菌感染的猪群时，应该进行疫苗免疫接种并口服抗菌药物，到达目的地后隔离一段时间再逐渐混入较好。

（3）对已污染本病的猪场应定期进行血清学检查，清除血清学阳性带菌猪，并制订药物防治计划，逐步建立健康猪群。在混群、疫苗注射或长途运输前1~2天，应投喂敏感的抗菌药物，如在饲料中添加适量的磺胺类药物或泰妙菌素、泰乐菌素、新霉素、林肯霉素和壮观霉素等抗生素，进行药物预防，可控制猪群发病。

（4）疫苗免疫接种国内外均已有商品化的灭活疫苗用于本病的免疫接种。一般在5~8周龄时首免，2~3周后二免。母猪在产前4周进行免疫接种。可应用包括国内主要流行菌株和本场分离株制成的灭活疫苗预防本病，效果更好。

八、气喘病

（一）临床症状

猪气喘病又称猪支原体肺炎或猪地方流行性肺炎，是由猪肺炎支原体引发的一种慢性肺炎。主要为咳嗽和喘气，在新疫区症状表现比较明显，大多为急性型，表现发病率高，传播快，以怀孕母猪、小猪多见。病猪精神沉郁，呼吸加快，每分钟达60~120次，呈腹式或犬坐式呼吸，严重时张口呼吸。在早晚咳嗽加重，时而听到痉挛性咳嗽，口腔内流出带血丝的泡沫状液体，甚至出现呕吐。成年猪和饲养管理条件好的猪场猪群常呈隐性感染或不表现出症状。表现为慢性亚临床症状的猪被称为"无症状带菌猪"，它们作为病原储存库与发病猪同样危险，一般体温、食欲和精神正常，病程较长并且可以将病原传播给成年猪群，慢性型以架子猪、育肥猪和后备猪常见。随着不良因素的影响，出现症状明显加剧（图2-38）。

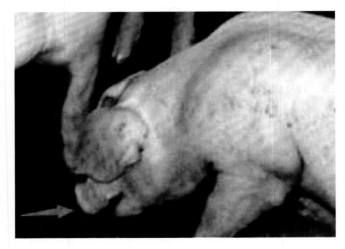

图2-38　呼吸困难

（二）解剖变化

病变主要在肺、肺门淋巴结和纵隔淋巴结。肺病变的发生过程大多数是从心叶开始，开始多为点状或小片状，进而逐渐融合成大片病变。呈淡灰红色或灰红色，俗称"肉变"，与周围界限分明。病程延长后，病变颜色加深，呈淡紫红或灰白色，半透明程度减轻，坚韧度增加，两侧肺的尖叶、心叶和中间及部分膈叶呈对称性的胰样实变，俗称"胰变"或"虾肉样变"。肺部结缔组织增生、硬化，周围组织膨胀不全，齐平或下陷于相邻的正常肺组织。切割时有肉感，切面湿润，平滑而致密，像鲜嫩的肌肉一样。气管中通常有卡他性分泌物（图2-39、图2-40）。

（三）诊断方法

根据临床症状及病理变化可以作出初步诊断。确诊需要结合血清学试验或病原检查。血清学试验有间接血凝试验、补体结合试验和酶联免疫吸附试验，病原检查可采用酶联免疫试验、聚合酶链反应（PCR）等。

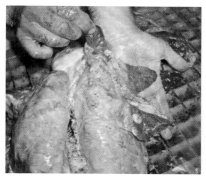

图2-39 肺脏虾肉样变

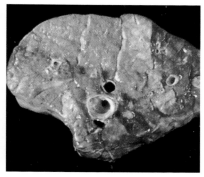

图2-40 气管中通常有卡他性分泌物

（四）防控措施

（1）坚持自繁自养，严防发病猪引入。

（2）加强饲养管理，保证饲料全价营养，防止饲料霉变，合理调剂饲养密度，季节交替要注意温度控制，多种消毒药物定期交替消毒。

（3）注重免疫：生后2周注射气喘病疫苗。

（4）药物净化和治疗：对保育猪、后备猪、生产母猪、育肥猪要经常、定期应用药物拌料或饮水，以达预防和净化之目的；对已发病猪要注射治疗。常用药物为：水溶性阿莫西林、支原净、强力霉素、长效土霉素、泰乐菌素、替米考星等。

九、猪炭疽

（一）临床症状

猪炭疽由炭疽杆菌引起的一种急性、热性、败血性传染病。

1. 隐性型

猪对炭疽的抵抗力较强，因此，猪发生炭疽大多数是慢性，无临诊症状，多在屠宰后肉品卫生检验时才被发现，这是猪炭疽常见的病型。

2. 亚急性型（咽型）

猪吃入炭疽杆菌或芽孢，侵入咽部及附近淋巴结以及相邻组织大量繁殖，引起炎症反应。主要表现咽炎，体温升高，精神沉郁，食欲缺乏，颈部、咽喉部明显肿胀，黏膜发绀，吞咽和呼吸困难，颈部活动不灵活。口、鼻黏膜呈蓝紫色，最后窒息而死。也有的病例可治愈（图2-41）。

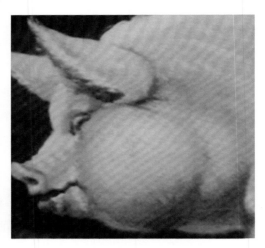

图2-41　咽喉部明显肿胀

3. 急性型（败血型）

本型少见发生，变化，体温升高到41.5℃以上，精神沉郁，几天死亡或突然死亡。

4. 肠型

此型不如咽型明显，发生肠炭疽时，主要表现消化功能紊乱，病猪发生便秘及腹泻，甚至粪中带血，重者可死亡，轻者可恢复健康。

（二）解剖变化

咽型炭疽剖检可见咽喉和颈部皮下呈出血性胶样浸润，头颈部淋巴结，特别是颌下淋巴结急剧肿大，切面因充血、出血而呈樱桃红色，中央有稍凹陷的黑色坏死灶。镜检见淋巴组织呈严重的出血、肿胀、坏死，外围有广泛的水肿区。肠型炭疽主要发生于小肠，多以肿大、出血和坏死的淋巴小结为中心，形成局灶性的肠黏膜呈出血性胶样浸润。肠系膜淋巴结肿大。腹腔积有红色浆液，脾软而肿大。肝充血或水肿，间有出血性坏死灶。败血型炭疽少见（图2-42、图2-43）。

图2-42　出血性胶样浸润　　　　图2-43　出血性坏死灶

（三）诊断方法

猪炭疽病单从临床症状很难诊断，因与巴氏杆菌、恶性水肿等很相似，剖检虽有助于诊断，但怀疑炭疽时又严禁解剖，只得做细菌检查。可进行病料涂片、染色、镜检及细菌培养鉴定。

（四）防控措施

（1）经常发生炭疽及受威胁地区的易感动物，每年均应做预防接种。接种前应做临诊检查，必要时要测体温。瘦弱、体温高、年龄不到1个月的幼畜以及怀孕已到产前2月的母畜不应注射疫苗。

（2）发生炭疽时处理。

当病畜确诊为炭疽后，及时上报，采取综合性防治措施。

① 病畜隔离治疗，假定健康畜群用抗炭疽血清做紧急预防接种。

② 住过病畜的畜舍、畜栏、用具及地面应彻底消毒。病畜躺过的地面，应除去表土15～20cm，取出的土应与20%漂白粉彻底消毒，并将污染的饲料、垫草、粪便烧掉。

③ 病畜尸体严禁剖解，应予以焚烧或深埋2m以下。尸体底部与表面应撒上厚层漂白粉，尸体接触的车及用具用完后要消毒。

④ 禁止动物出入疫点及输出畜产品和饲料，禁止食用病畜乳、肉。在最后1头病畜死亡后或痊愈后，再过15天，至疫苗接种反应结束时解除封锁，解除前再进行1次终末消毒。

十、破伤风

（一）临床症状

破伤风又名强直症，俗称"锁口风""脐带风"，是由产生毒素的破伤风梭菌引起的一种人畜共患的急性、创伤性、中毒性传染病。潜伏期1～2周，最短1天，最长数个月。病猪四肢僵直，尾不活动，眼角瞬膜露出，咬肌紧缩，牙关闭锁，张口困难，两耳后竖。流涎重者发生全身性痉挛及角弓反张，呼吸浅快、心跳极速，对声、光和其他刺激敏感并使症状加重（图2-44、图2-45）。

图2-44　两耳后竖

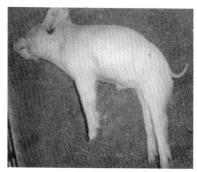

图2-45　全身性痉挛及角弓反张

（二）解剖变化

无特征性病变，血液黑红色，凝固不良，四肢躯干肌肉间结缔组织有浆液浸润，肺充血和水肿，异物性肺炎。

（三）诊断方法

病猪由于肌肉痉挛表现"木马状"姿势，强直性痉挛，尾根翘起，眼角瞬膜外露等，结合外伤、外科手术等病历，确诊并不困难。应注意与马钱子中毒、急性肌肉风湿症、脑炎及狂犬病等疾病做区别诊断。

（四）防控措施

本病的预防主要采取破伤风抗毒素或类毒素预防注射及防止外伤的发生。在本病多发猪场可在大创伤、深创伤和阉割之后，皮下或肌内注射破伤风抗毒素或破伤风菌苗（类毒素）。病初选用青霉素等抗生素进行治疗。或在发病时采取被动的对症疗法缓解症状。解痉可用氯丙嗪注射液每千克体重2mg，25％硫酸镁注射液10～20mL肌内注射，40％乌洛托品10～20mL肌内注射。

第三章
猪的寄生虫病

一、猪蛔虫病

（一）临床症状

猪蛔虫病是由猪蛔虫引起的寄生虫病，主要为害3～6月龄的仔猪，造成生长发育不良，饲料消耗和屠宰内脏废弃率高，严重者可引起死亡。

病猪一般表现为被毛粗乱，食欲缺乏，发育不良，生长

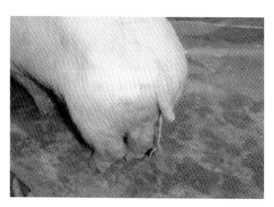

图3-1　从肛门排出猪蛔虫

缓慢，消瘦，黄疸，消化机能障碍，磨牙，采食饲料时经常卧地，部分猪咳嗽、呼吸短促，粪便带血，严重时常从肛门处排出成虫（图3-1）。

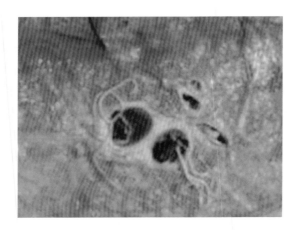

图3-4　肺部可见丝状虫体

（四）防控措施

（1）猪舍应建在干燥和地形较高的地方，避免潮湿和蚯蚓的孳生。有计划的驱虫。猪粪应堆积发酵处理。

（2）选用下列药物治疗。

① 伊维菌素0.3mg/kg体重，1次皮下注射或拌料内服。

② 阿维菌素0.3mg/kg体重，1次皮下注射或拌料喂服。

③ 左旋咪唑8mg/kg体重，1次拌料喂服。

④ 丙硫苯咪唑10～20mg/kg体重，1次拌料喂服。

三、弓形虫病

（一）临床症状

病猪精神沉郁，结膜发绀，皮肤发红，有的有紫红色斑块；高热稽留（体温达40～42℃，常发热5～7天）；呼吸困难；步态不稳，后躯摇晃；不吃料、喝清水、排粪球、尿黄尿；怀孕母猪可引起流产，产死胎、畸形胎、弱仔，弱仔产下数天内死亡，母猪流产后很快自愈，一般不留后遗症（图3-5、图3-6）。

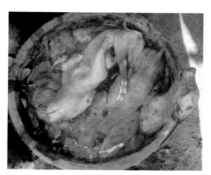

图3-5　皮肤出血紫红色斑块　　　　图3-6　流出足月胎儿

（二）解剖变化

腹股沟、肠系膜淋巴结肿大；肝脏表面散在灰白色坏死灶；肾脏呈棕红色肿大；喉头弥漫性出血；肺脏呈暗红色，表面布满灰白色粟大小的坏死灶；胸、腹腔液增多，呈透明黄色（图3-7）。

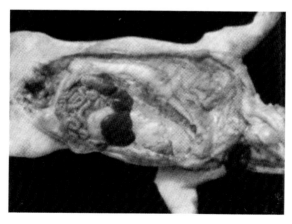

图3-7　全身各脏器出血

（三）诊断方法

根据临床症状和剖检变化来判断。

（1）临床症状。高热稽留、皮肤发红、呼吸困难、粪便干燥、时有流产。

（2）剖检变化。各脏器出血，有的有白色坏死灶。

（四）防控措施

磺胺制剂效果良好。如甲氧苄氨嘧啶（TMP）、增效磺胺嘧啶钠、磺胺5-甲、磺胺甲氧嗪等，静脉注射或肌内注射，每天2次，配合退烧药和维生素B_1，连用3天即可。临床发现：停药后病猪仍有发热症状，这是因为滋养体虽已被包埋，但其产生的毒素仍在刺激猪只发热。只要药物用足够量，因包囊期基本形成，该病已经临床治愈。尽管还在发热，但可以不再用药。

四、球虫病

（一）临床症状

猪球虫病是一种由艾美耳属和等孢属球虫引起的以仔猪腹泻、消瘦及发育受阻，成年猪多为带虫者为特征的疾病。猪球虫病多见于仔猪，可引起仔猪腹泻。成年猪多为带虫者，是该病的传染源。猪球虫的种类很多，但对仔猪致病力最强的是猪等孢球虫。3日龄的乳猪和7～21日龄的仔猪多发。主要临床症状是腹泻，持续4～6天，粪便呈水样或糊状，显黄色至白色，偶尔由于潜血而呈棕色。有的病例腹泻是受自身限制的，其主要临床表现为消瘦及发育受阻（图3-8）。

图3-8　病猪的黄色粪便

（二）解剖变化

尸体剖检特征是急性肠炎，局限于空肠和回肠，炎症反应较轻，仅黏膜出现浊样颗粒化，有的可见整个黏膜表面有斑点状和坏死灶。眼观特征是黄色纤维素坏死性假膜松弛地附着在充血的黏膜上（图3-9）。

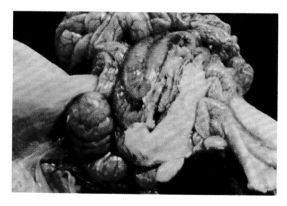

图3-9　急性肠炎症状

（三）诊断方法

通过采集腹泻粪便检查卵囊，作出初步诊断。但有时在腹泻期间卵囊可能并不排出，因此，确定性诊断必须从待检猪的空肠和回肠检查出各种发育阶段的球虫。各种类型的虫体可以通过组织病理学检查，或通过空肠和回肠压片或涂片染色检查而发现，后一种方法对于临床工作者来说，是一种快速而又实用的方法。

（四）防控措施

（1）预防。搞好环境卫生：保证产房清洁，及时清除粪便，产房应用彻底进行消毒。应限制非接产人员进入产房，防止由鞋或衣服带入卵囊；大力灭鼠，以防鼠类机械性传播卵囊。

（2）治疗。可试用百球清（5%混悬液）治疗猪球虫病，剂量为每千克体重20～30mg，口服，可使仔猪腹泻减轻，粪便中卵囊减少，必要时，可肌内注射磺胺-6-甲氧嘧啶钠，可提高治疗效果。

五、疥螨虫病

（一）临床症状

猪疥螨虫病俗称"长癞"，是由猪疥螨虫寄生在皮肤内而引起的猪最常见的外寄生虫性慢性皮肤病。由于处于持续性的剧痒应激状态，猪生长缓慢，饲料转化率降低，逐渐消瘦。因是一种慢性消耗性过程，不会造成大量死亡，所以，对其引起的损失往往被忽视，而使大多数猪场蒙受巨大损失。接触传染，幼猪多发，以皮肤发痒和发炎为特征。病初从眼周、鼻上端、耳根开始，逐渐延至背部、体侧、股内侧或全身。主要表现为剧烈瘙痒、到处摩擦、甚至擦破出血，以致在脸、耳、肩、腹等处脱毛、出血、结痂，皮肤肥厚，形成皱褶和龟裂，即皮肤角质化。有的皮肤出现过敏症状（图3-10、图3-11）。

图3-10　面部的疥螨虫

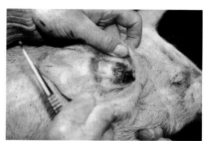

图3-11　耳郭内的疥螨虫

（二）解剖变化

该病主要是痒、脱毛、结痂、皮肤皱褶或龟裂和金色葡萄球菌混合感染后形成湿疹性渗出性皮炎。

（三）诊断方法

剧烈瘙痒，脱毛结痂；可镜检虫卵与虫体。

（四）防控措施

（1）每年对猪场全场进行至少2次以上的体内、体外的彻底驱虫工作，每次驱虫时间必须是连续5~7天。

（2）驱虫时既要注重体内外疥螨虫，更要重视杀灭环境中的疥螨虫，否则效果不够彻底。

（3）对已经感染疥螨虫病的猪，可以选用药浴、喷洒、涂擦、拌料、注射等方法进行治疗处理。

药浴多选用20%的杀灭菊酯（速灭杀丁）乳油，300倍稀释，或2%的敌百虫稀释液或双甲脒稀释液，全身药浴或喷雾治疗，连续喷7～10天。因为药物无杀灭虫卵作用，所以在第一次用药后7～10天，用相同的方法进行第二次治疗，以消灭孵化出的疥螨虫。

涂擦适用于个体病猪：先用温水湿敷，除掉痂皮，显露新鲜创面后，涂擦药物。

拌料多用伊维菌素类药物。

皮下注射杀螨制剂。可以选用1%的伊维菌素或1%的多拉菌素注射液，应严格控制剂量。

六、猪虱病

（一）临床症状

猪虱多寄生于耳朵周围、体侧、臀部等处，严重时全身均可寄生。成虫叮咬吸血刺激皮肤，引起皮肤发炎，出现小结节，猪经常瘙痒和磨蹭，造成被毛脱落，皮肤损伤。幼龄仔猪感染后，症状比较严重，常因瘙痒不安，影响休息、食欲以至生长发育受阻（图3-12）。

图3-12　猪虱寄生于耳朵周围

（二）解剖变化

该病主要发病部位在皮肤，剖检无明显病理变化，有时在皮肤内出现小结节，小溢血点，甚至坏死。

（三）诊断方法

根据临床症状很容易诊断。

（四）防控措施

（1）圈舍卫生、干燥；隔离病猪；10%～20%生石灰水清洗及消毒圈舍；彻底消毒病猪接触的木栅、墙壁、饲槽及用具。

（2）其一伊维菌素或阿维菌素，0.03mg/kg体重，皮下注射；其二烟叶1份，水90份，熬成汁涂擦猪体，每日1次；其三百部30g，加水500mL煎煮半小时，取汁涂擦患部。

第四章
猪的普通病

一、乳腺炎

（一）临床症状

母猪一个或几个乳腺因物理、化学、微生物等因素引发的急性或慢性炎症称为乳腺炎。在饲养管理条件不好的猪场时有发生。

1.急性乳腺炎

病猪有食欲减退、精神不振、体温升高等全身症状；患病乳腺局部有不同程度的红、肿、热、疼反应，泌乳减少或停止；乳汁有的稀薄，有的含乳凝块或絮状物，有的混有血液或脓汁；乳腺上淋巴结肿大。

2.慢性乳腺炎

患病乳腺组织弹性降低，僵硬；有的由于结缔组织增生而像砖块一样，致使泌乳能力完全丧失（图4-1至图4-4）。

图4-1　轻度乳腺炎

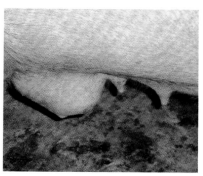

图4-2　急性乳腺炎

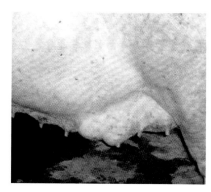

图4-3　急性弥漫性乳腺炎

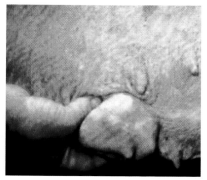

图4-4　慢性增生性乳腺炎

（二）诊断方法

（1）急性乳腺炎。乳腺红、肿、热、痛、泌乳障碍，以渗出为主。

（2）慢性乳腺炎。乳腺无热无痛，触之硬固，以增生为主。

（三）防控措施

（1）急性乳腺炎。要全身应用有效抗生素，肌内注射，连用3～5天；患病乳腺应及时进行药物冷敷，以缓解炎性渗出和疼痛；局部封闭疗法效果好。

（2）慢性乳腺炎。治疗意义不大，特别是增生性的无治疗价值。

（3）预防。要加强产房的卫生管理，保持猪舍清洁，定期消毒；母猪分娩时，尽可能使其侧卧，防止乳头污染；防止哺乳仔猪咬伤乳头。

二、子宫内膜炎

（一）临床症状

子宫内膜炎是由于分娩时产道损伤而引起的感染。本病是母猪常见的一种生殖器官的疾病。子宫内膜炎发生后，常表现发情紊乱或屡配不孕，有时妊娠，也易发生流产，一般为散发，有时呈地方流行性。子宫内膜炎常分为3种类型。

1. 急性型

多发于产后及流产后，全身症状明显，母猪时常努责，体温升高，精神不振，食欲减退或废绝。母猪刚卧下时，阴道内流出白色黏液或带臭味污秽不洁、红褐色黏液或脓性分泌物，黏于尾根部，腥臭难闻，病母猪不愿给仔猪哺乳。

2. 慢性型

多数是由急性子宫膜炎转化而来，全身症状不明显。病猪可能周期性地从阴道内排出少量混浊液体。母猪往往推迟发情或发情紊乱，屡配不孕，严重者继发子宫积脓。

3. 隐性型

隐性型是指子宫形态上无明显异常，发情也基本正常，发情时可见从阴道内排出的分泌物较多（不是很清亮透明、略带浑浊），配种受胎率偏低（图4-5）。

图4-5　阴道排出白色脓汁

（二）诊断方法

根据临床症状和尿样、子宫分泌物分析，可作出诊断。

（三）防控措施

（1）产后急性子宫内膜炎。用0.05％的新洁尔灭或0.1％的高锰酸钾溶液充分冲洗子宫，务必将子宫残留的炎性分泌物及液体全部排出，直至导出的洗液透明为止；再向子宫内注入抗生素。

同时全身应用抗生素类药物。

（2）慢性子宫内膜炎。可用抗生素反复冲洗子宫，洗后用抗生素+鱼肝油+垂体后叶素注入子宫内；并灌服有关中药。

（3）预防。保持猪舍清洁干燥，人工授精及助产要按规范操作。

三、多发性皮炎

（一）临床症状

多发性皮炎临床表现多样：有的光滑无毛、有的全身结痂、有的掉毛脱皮、有的全身起水疱、有的感染成脓疱等。这些都对猪的饲养、营养、生长和休息造成莫大影响（图4-6至图4-9）。

图4-6　全身痂皮脱落

图4-7　中间猪为坏死性皮炎

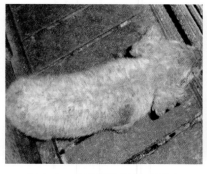

图4-8　皮炎导致的脱皮掉毛

图4-9　耳部水泡型皮炎

（二）诊断方法

对各种皮炎重点是搞好临床鉴别诊断。

（三）防控措施

在分清发病原因的基础上，采取有针对性的预防和治疗措施。

（1）真菌主要感染哺乳仔猪，与产房圈舍有很大关系，因此，圈舍消毒至关重要。对已经感染的仔猪，可以用温消毒水泡澡，对耳朵、眼周和脸部泡不到的部位，可以用纱布浸泡于温消毒水中，然后湿敷局部，湿敷完后擦干猪体，再涂以克霉唑软膏。

（2）对疥螨虫和痒螨虫引发的皮炎，除局部处理外，要应用驱虫剂。

（3）对坏死杆菌引发的皮炎除局部处理外，要应用抗菌药物治疗。

（4）对病毒引发的皮炎，如慢性猪瘟、圆环病毒病等，按相应疾病予以治疗。

（5）对光过敏的猪要避免强光照射，已经发病猪不要再次见光，皮肤龟裂的局部涂以药物软膏即可。

四、猪肢蹄病

（一）临床症状

猪肢蹄病是指猪四肢和四蹄疾病的总称，又称跛行病，是以姿势、步态和站立不正常，支持身体困难为特征的一种疾病。该病已成为现代集约化养猪场淘汰猪的重要原因之一。

患猪采食正常，蹄裂，局部疼痛，不愿站立走动，驱赶后起立困难，病蹄不能着地。对躺卧猪的蹄部检查：发现触压猪有疼痛反应，关节肿大或脓肿，蹄面有长短不一的裂痕，少数患猪蹄底面有凸起，类似赘生物。蹄壳开裂或裂缝处有轻微出血，继而创口扩张，出血并受病原菌感染引发炎症，最终被迫淘汰。其他症状轻微，但生长受阻，种猪繁殖力下降，严重者患部肿胀，疼痛，行走时发出尖叫声，体温升高，食欲下降或废绝。

公猪群通常会出现四肢难以承受自身体重，导致无法配种和性欲下降，最后部分猪出现瘫痪、消瘦、卧地不起，因卧地少动可继发肌肉风湿。猪群的淘汰率大幅上升（图4-10至图4-13）。

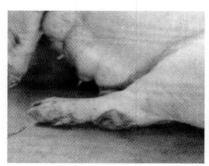

图4-10 后肢损伤

图4-11 蹄甲过长

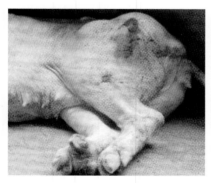

图4-12 蹄甲损伤

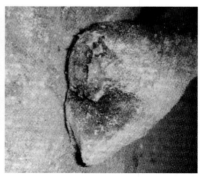

图4-13 蹄部感染、溃疡

（二）诊断方法

根据临床症状诊断。

（三）防控措施

（1）喂给全价饲料，保证能量、蛋白质、矿物质、微量元素、维生素达到饲养要求。精心选育种猪，不要忽视对四肢的选育，选择四肢强化、高矮、粗细适中，站立姿势良好，无肢蹄病的公母猪作种用；严防近亲交配，使用无血缘关系的公猪交配，淘汰有遗传缺陷的公母猪和个体，以降低不良基因的频率，特别是纯繁种猪场和人工授精站应采取更加严格的清除措施，不留隐患，提高猪群整体素质。另外，有条件的猪场可保持种猪有一定时间的户外活动，接受阳光，有利于维生素D的合成。运动是预防肢蹄病的主要措施之一。

（2）圈栏结构设计合理，猪舍地面应坚实、平坦，不硬，不滑，干燥，不积水，易于清扫和消毒。损坏后及时维修，地面倾斜度小于3° 坡度过大，易导致猪步态不稳，影响猪蹄结实度，引起姿势不正、卧蹄等缺陷。猪舍过度潮湿，猪蹄长期泡在水中，蹄壳变软，耐压程度大大降低，加上湿地太滑，蹄部损伤机会加大。

（3）抗炎应用抗生素、磺胺类药物等。在关节肿病例较多时，应在饲料中添加磺胺类药物或阿莫西林预防，同时，患部剪毛后消毒，用生理盐水冲洗，再用鱼石脂软膏或氧化锌软膏涂于患部或涂布龙胆紫、0.1%硫酸锌、鱼肝油、松馏油。种猪配种前，用4%～6%硫酸铜湿麻袋或10%甲醛溶液进行消毒。

（4）流血或已感染伤口涂碘酊，有条件的进行包扎，里面上"药"（如填塞硫酸铜、水杨酸粉或高锰酸钾、磺胺粉），类似穿"保健鞋"的做法。桐油250g加硫黄100g混合烧开，趁热擦患部。血竭桐油膏（桐油150g，熬至将沸时缓慢加入研细的血竭50g并搅拌，改为文火，待血竭加完，搅匀到黏稠状态即成），以常温灌入腐烂空洞部位，灌满后用纱布绷带包扎好，10天后拆除。在此期间不能用水冲洗。

五、颈部脓肿

（一）临床症状

颈部肿胀多见化脓性肿胀，偶有血肿或淋巴肿。主要原因是防疫和治疗注射时，局部不消毒或消毒不严格而感染，有的是由于猪只打斗、啃咬、挤压、擦撞导致局部毛细血管或淋巴管断裂，形成的血肿或淋巴肿。在耳后颈部左侧或右侧出现一个或几个、大小不等的肿块，有的破溃，有的结痂，触摸有热痛感，病猪躲闪。当触摸按压肿块有波动感时，则说明肿块内可能已化脓、或者有血液、或者有淋巴液等（图4-14至图4-17）。

（二）诊断方法

根据临床症状很容易诊断。

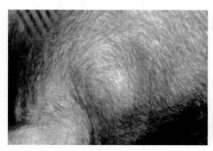

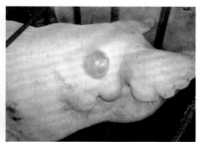

图4-14　颈左侧肿胀　　　　图4-15　颈右侧三处肿胀，一处
　　　　　　　　　　　　　　　　　　有液体

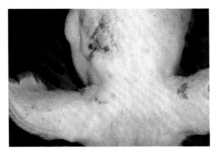
图4-16　颈右侧肿胀发红

图4-17　颈左侧肿胀、化脓

（三）防控措施

（1）对于感染造成的肿胀，应及时局部消毒，并注射抗生素。

（2）对于肿胀严重、炎症剧烈，抗生素无法控制时，可以促进脓肿尽快形成。

（3）对于已经成熟的脓肿应及时切开、排脓、冲洗，适量应用抗生素即可。

（4）对于外伤所致的血肿（经穿刺确诊），应及时施以冷敷和应用止血剂；以后形成的慢性血肿也可无菌切开予以清理。

（5）对于外伤所致淋巴液渗出而形成的肿胀，应极力避免运动，因淋巴液内无凝固因子，会在活动时加大渗出。待不再增大时，即可无菌穿刺并引流液体。

六、母猪产后瘫痪

（一）临床症状

母猪产后瘫痪又称产后麻痹或风瘫，是分娩前后突然发生的一种严重的急性神经障碍性疾病，其临床特征是知觉丧失和四肢瘫痪。病轻者起立困难，四肢无力，精神委顿，食欲减少。重症者瘫痪，精神沉郁，常呈昏睡状态，反射减弱或消失，食欲显著减退或废绝，便干硬量少，泌乳量降低或无乳。母猪常呈伏卧姿势，不让仔猪吃奶（图4-18、图4-19）。

图4-18　站立困难

图4-19　昏睡状态

（二）诊断方法

根据临床症状判断。

（三）防控措施

（1）给予怀孕母猪全价饲料，加强饲养管理。饲料中增加钙、磷及维生素D的供给，日粮钙含量0.8%～0.9%，磷含量0.6%～0.8%，有预防作用。此外，应给母猪补充青绿多汁饲料。当粪便干燥时，应给硫酸钠30～50g或温肥皂水灌肠，清除直肠内积粪。必要时投服大黄苏打片30片，复方维生素$B_1$10片。

（2）治疗时，应补钙、强心、补液、维持酸碱平衡和电解质平衡。静脉注射10%葡萄糖酸钙100～150mL或氯化钙注射液20～50mL，1天1次，连用3～7天。使用氯化钙注射液时，应避免漏至皮下。对钙疗法无反应或反应不明显（包括复发）的病例，除诊断错误或有其他并发病之外，应考虑是母猪缺磷性瘫痪，宜用15%～20%磷酸二氢钠溶液100～150mL静脉注射，或者钙剂交换使用。但应注意，使用钙剂的量过大或注射速度过快，可使心率增快和节律不齐。

七、猪急性肠梗阻

（一）临床症状

猪的肠梗阻即由于各种机械性原因，致使肠内容物后送障碍，临床出现急性腹痛和死亡的疾病。急性发作的主要有肠套叠和肠扭转。

肠套叠和肠扭转均会出现突然发病、不食、呕吐、臌气、弓背努责、腹疼呻吟等症状，但肠扭转不见或少见干硬粪便排出，而肠套叠则见排出血稀便。猪的腹痛以在栏角边伏卧为主。

（二）解剖变化

由于小肠肠系膜发达且游离性较强，所以，小肠最易发生肠套叠和肠扭转。主要病理变化为：腹腔积有血水，肠管臌气、积液，肠管充血、淤血或坏死，肠粘连；广泛发生腹膜炎，也发生在肠扭转或套叠部位（图4-20至图4-23）。

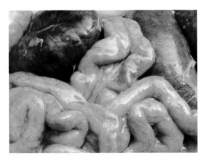
图4-20 肠管充血、淤血或坏死

图4-21 空肠段发生套叠

图4-22　轻度肠扭转

图4-23　重度肠扭转

（三）诊断方法

（1）临床特征。突然发病、伏卧不动、呻吟努责、不食呕吐。肠套叠可见排血便。

（2）剖检变化。腹膜炎、肠坏死，发现有套叠和扭转，即可确诊。

（四）防控措施

（1）该病主要靠加强管理来预防，天气突变时要注意保温，主要是防止温差过大；猪舍周围要注意安静，避免突发的极强音响；改换饲料要有过渡期，以防发生应激等。

（2）该病药物治疗无效，确诊后应立即手术。由于发病突然，5h左右即可死亡，加之诊断较困难，所以，往往不能及时正确地给以治疗。

八、仔猪缺铁性贫血

（一）临床症状

仔猪缺铁性贫血是指15日龄至1月龄哺乳仔猪由于缺铁所发生

的一种营养性贫血性疾病。因此，本病又称为仔猪营养性贫血。本病发展缓慢，当铁缺到一定程度时出现贫血，有缺氧和含铁酶及铁依赖酶活性降低的表现。仔猪出生8～9天出现贫血现象，血红蛋白降低，皮肤及可视黏膜苍白，被毛粗乱，食欲减退，昏睡，呼吸频率加快，吮乳能力下降，轻度腹泻，精神不振，影响生长发育，并对某些传染病大肠杆菌、链球菌感染的抵抗力降低，容易继发白痢、肺炎或贫血性心脏病而死亡（图4-24）。

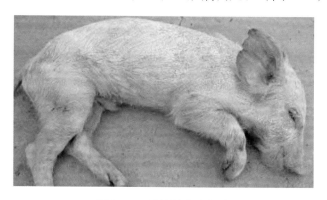

图4-24　缺铁性贫血仔猪

（二）解剖变化

可见皮肤及可视黏膜显著苍白。有时轻度黄染，肝脏由于脂肪变性而肿大，呈淡灰色，有时有出血点。血液稀薄，肌肉色淡，特别是臀肌和心肌。脾脏肿大，色浅，质地稍坚实。心脏扩张，肾实质变性，肺发生水肿，胃肠有灶性病变。病程长的病例，多消瘦，胸、腹腔有浆液性及纤维蛋白性液体。

（三）诊断方法

根据仔猪生长环境，饲养条件及发病日龄，结合临床表现、病理变化和血液学变化，一般容易作出诊断。

（四）防控措施

（1）预防本病，应加强妊娠母猪的饲养管理，给予富含蛋白质、矿物质，无机盐和维生素的饲料。一般饲料中铁的含量较为丰富，应尽早训练仔猪采食。1周龄时即可给仔猪开始补饲，补喂铁铜含量较高的全价颗粒饲料，或在补饲槽中放置骨粉、食盐、木炭粉、红土、铁铜含剂粉末，任其自由采食。

（2）目前，给仔猪补铁最有效的方法是采用内服铁剂和肌内注射铁剂，直接进行补铁。口服铁制剂：在产后第五天开始，间隔数天，共2～3次向母猪乳房周围涂抹含硫酸亚铁的淀粉或配制的糊剂，让仔猪通过哺乳吸食。内服可用硫酸亚铁、硫酸铜。

第五章
猪的中毒病

一、食盐中毒

（一）临床症状

　　猪食盐中毒可分为最急性型和急性型2种。最急性型是猪1次食入大量的食盐造成的。主要症状是肌肉震颤，阵发性惊厥，接着昏迷倒在地上，2天内死亡。急性型的猪食入食盐较少，但由于饮水过少，经过1~5天后发病。病猪主要表现为饮食变少，口渴，头撞击物体，走路不稳等症状。无论是急性型还是最急性型，病猪神

图5-1　昏迷在地

经症状发作时，肌肉抽搐，嘴里不断有口水流出，张口呼吸，发作时间为1~5分钟；发作时猪的体温会升高，但一般不会超过39.5℃，间歇期体温正常（图5-1、图5-2）。

图5-2　头撞墙

（二）解剖变化

胃黏膜有充血及出血性炎症和溃疡，胃底部更严重。小肠有卡他性炎，大肠内容物干燥并黏附在肠黏膜上，回肠显著充血、出血，甚至多处溃疡。肝大、质脆；心肌松弛，有小出血点；肺水肿；肠系膜淋巴结充血、出血；肾紫红色肿大，包膜易剥离；胆囊臌满，胆汁淡黄色；尸僵不全，血液凝固不全呈糊状。脑充血、水肿、可见灰质软化。

（三）诊断方法

根据饮食过量的猪食盐中毒病史以及上述所描述的临床表现症状和变化的特征，有明显神经症状的；结合实验室血钠和组织（肝、脑）中钠含量的检测即可确诊。

（四）防控措施

饲料中食盐的含量不能超过0.5%，同时，给予充足的水分。在发现猪食盐中毒后，立即停止含有食盐的饲料与水的供给，多次量少的给予清水，不能一次性给予过多，以免造成水肿，加剧病情。与此同时，可以采取辅助治疗，原则是促进食盐的消除，恢复阳离子平衡和对症下药。

二、T-2毒素中毒

（一）临床症状

猪T-2毒素中毒是由单端孢霉烯族化合物中的T-2毒素引起的中毒。T-2毒素对皮肤和黏膜有强烈刺激作用，易侵害消化道（口部，胃及肠道病变），引起局部炎症甚至坏死，严重时还会使猪只口腔，皮肤及关节溃烂，出现呕吐和腹泻，同时，伴有采食量下降、拒食、神经失调等病症。猪吃进T-2毒素污染的饲料后约半小时左右即可发生呕吐；慢性中毒主要表现为消化不良，生长停滞。T-2毒素对仔猪的为害大于对育肥猪的为害（图5-3）。

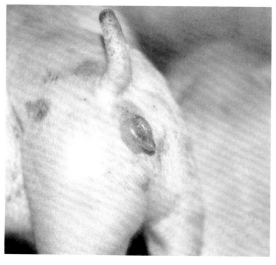

图5-3 外阴红肿

（二）解剖变化

主要表现为胃肠道，肝和肾的坏死性损害和出血。胃肠道黏膜呈卡他性炎症，有水肿、出血和坏死，尤以十二指肠和空肠处受损最为明显。心肌变性和出血，心内膜出血，子宫萎缩，脑实质出血，软化。

（三）诊断方法

根据临床症状，病理变化及使用过可疑霉变饲料等进行综合分析，可得出初步诊断。进一步确诊可进行生物测试和毒物含量分析。

（四）防控措施

目前对T-2毒素尚无有效治疗方法，发现可疑中毒时，应立即停喂发霉饲料，给猪饲喂富含营养且易消化的饲料。同时，给予对症治疗，并给予猪抗菌药物以防止胃肠道继发感染，饲料中添加维生素K以防出血。

三、黄曲霉毒素中毒

（一）临床症状

急性型：通常在2～4月龄的仔猪中容易发生，尤其是体质健壮、食欲旺盛的猪具有发较高病率，大部分在出现临床症状前就会突然死亡。

亚急性型：病猪体温基本接近正常或者升高1.0～1.5℃，精神萎靡，食欲缺乏或停止采食，口渴干燥，排出呈球状干硬的粪便，且有黏液或血液覆盖在粪便表面，可视黏膜初期苍白，后期发生黄染，后肢乏力，行走不稳，并出现间歇性的抽搐，严重时甚至卧地不起，往往2～3天死亡。

慢性型：通常在育成猪和成年猪容易发生，病猪食欲缺乏，精神萎靡，可视黏膜黄染，体质消瘦，生长迟缓或停滞，皮肤表面形成紫斑，且随着病情的发展，开始出现神经症状（图5-4、图5-5）。

 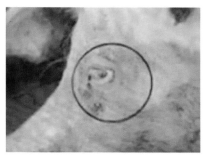

图5-4　萎靡不振　　　　　　　　图5-5　可视黏膜黄染

（二）解剖变化

贫血和出血是急性病猪的主要病变，一般胸膜腔大量出血，浆膜往往存在淤血斑点；肩胛下区和大腿前的皮下肌肉发生出血，在其他部位也经常发生肌肉出血、肠出血，邻近浆膜的部分肝脏出现淤斑或针尖状出血；脾脏通常没有明显变化，但会出现出血性梗塞或毛细血管扩张；心内膜和心外膜一般会发生明显出血。急性病猪发生急性中毒性肝炎，出现脂肪变性，肝小叶处增生胆管，肾脏萎缩、变性，肾小管扩张。慢性中毒的病猪，主要病变是肝脏发生硬变，胸腹腔积液以及黄色脂肪变性，偶有发生结肠浆膜胶样浸润；肾脏往往发生肿胀，呈苍白色；淋巴结肿胀、充血（图5-6）。

图5-6　肝脏发生硬变

（三）诊断方法

根据临床症状、剖检病理变化，发现猪黄曲霉中毒的可疑病症，要及时对现场饲料抽样进行检查，发现霉变饲料，立刻停止饲喂，同时，采取病料和霉变饲料送实验室进行病理组织学检验及黄曲霉菌毒素测定，对病症进一步给予定性、确诊。

（四）防控措施

对于轻微中毒的病猪，可不使用任何药物进行治疗，基本能够自行逐渐康复。对于严重中毒的病猪，要及时投服泻剂硫酸钠，促使胃肠道尽快排出毒物。同时，还要采取保肝和止血疗法，给病猪静脉注射10%氯化钙、维生素C、20%~50%葡萄糖溶液，还可给其内服11%的高锰酸钾溶液进行救治，主要用于保护肝脏；使用维生素K$_3$、止血敏等，主要用于止血。如果病猪出现心脏衰弱，可使用强心剂采取肌内注射或皮下注射；为避免出现继发感染，可选择适宜的抗生素，如恩诺沙星注射液，按每千克体重肌内注射3mg。

四、玉米赤霉烯酮中毒

玉米赤霉烯酮又称F-2毒素，是一种具有雌激素样真菌毒素。玉米、小麦、燕麦、大麦等作物易受污染，可导致猪出现子宫和乳腺肥大、脱肛等症状和接种疫苗免疫失败，对人和动物的健康有潜在的为害。

（一）临床症状

出现雌激素综合征或雌激素亢进症。阴户肿胀，流产，乳房肿大，过早发情。阴道黏膜充血和出血、肿胀，母猪乳腺肿大，严重病例，阴道脱垂，常发生早产、流产、死胎或弱胎等。公猪乳腺肿大、睾丸萎缩、性欲减退等（图5-7、图5-8）。

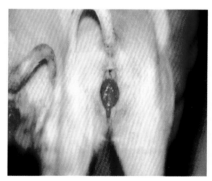
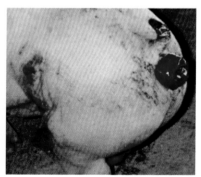

图5-7　肛门及阴部出血　　　　图5-8　脱肛及阴部突出

（二）解剖变化

阴唇、乳头肿大，乳腺间质性水肿。阴道黏膜水肿、坏死和上皮脱落。子宫颈上皮细胞增生，子宫壁肌层高度增厚，子宫角增大和子宫内膜发炎。卵巢发育不全，常出现无黄体卵泡，卵母细胞变性，部分卵巢萎缩。公畜睾丸萎缩。

（三）诊断方法

根据病史、临诊症状、病理变化可作出诊断。确诊需要做毒物鉴定。

（四）防控措施

无特效治疗方法。当怀疑饲料中毒时，立即停喂霉变饲料，改喂多汁青绿饲料。进行对症治疗和支持疗法。

参考文献

杜向党，李新牛. 2010. 猪病类症鉴别诊断彩色图谱[M]. 北京：中国农业大学出版社.

侯佐赢. 2014. 猪病防治[M]. 北京：中国农业出版社.

姜平，郭爱珍，邵国青，等. 2009. 猪病[M]. 北京：中国农业出版社.

李国平，周伦江，王全溪. 2012. 猪传染病防控技术[M]. 福州：福建科学技术出版社.

潘树德. 2013. 畜禽疫苗使用手册[M]. 北京：化学工业出版社.

王胜利，岁丰军，王春笋，等. 2018. 猪病诊治彩色图谱[M]. 北京：中国农业出版社.

吴德峰，陈佳铭. 2014. 中国动物本草[M]. 上海：上海科学技术出版社.

宣长和，王亚军，邵世义，等. 2005. 猪病诊断彩色图谱与防治[M]. 北京：中国农业科学技术出版社.